교통 분야 ICT 융합 제품·서비스의 보안 내재화를 위한

스마트교통 사이버보안 가이드

한국인터넷진흥원
IoT보안얼라이언스

교통 분야 ICT 융합 제품·서비스의 보안 내재화를 위한
스마트교통 사이버보안 가이드
Cyber Security Guide for Smart Transportation

CONTENTS

제1장 개요
- 제1절 배경 및 목적 ········· 6
- 제2절 적용 범위 ········· 8
- 제3절 용어 및 약어 정의 ········· 9

제2장 스마트교통 서비스 모델 및 보안위협
- 제1절 스마트교통 서비스 모델 ········· 16
- 제2절 스마트교통 보안위협 ········· 33
- 제3절 위협 시나리오 ········· 34

제3장 스마트교통 보안 대응방안
- 제1절 위협 시나리오별 대응방안 ········· 50
- 제2절 보안항목 및 대응방안 ········· 51

부록
- A. 스마트교통 보안 안전성 체크리스트 ········· 66
- B. 국외 교통 보안가이드 ········· 68
- C. 참고 문헌 ········· 80

제1장 개요 | 제2장 스마트교통 서비스 모델 및 보안위협 | 제3장 스마트교통 보안 대응방안 | 부록

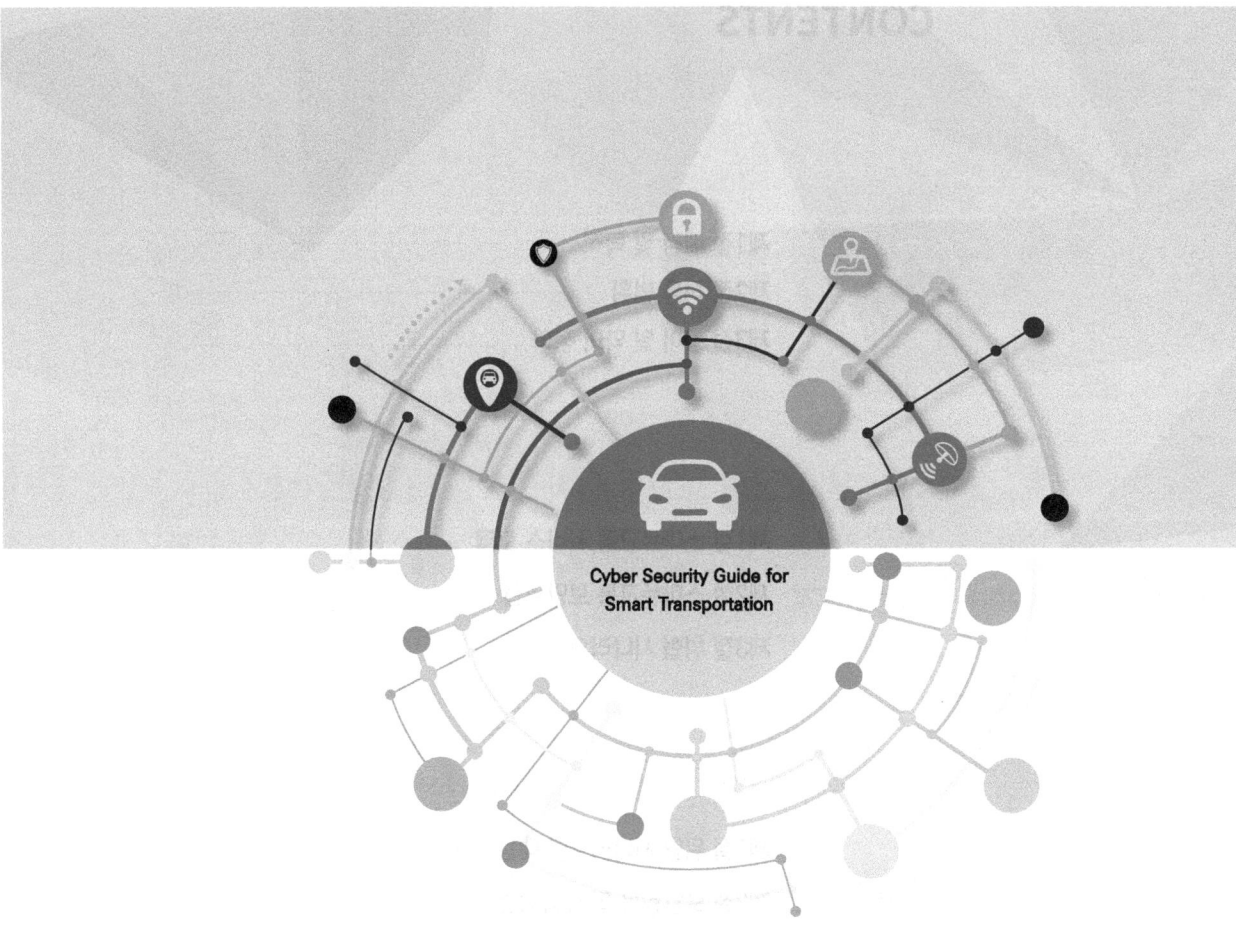

Cyber Security Guide for Smart Transportation

제1장

개요

제1절 **배경 및 목적**
제2절 **적용 범위**
제3절 **용어 및 약어 정의**

제1절 배경 및 목적

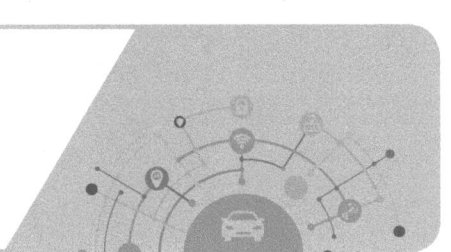

정보통신기술(ICT, Information & Communication Technology)과 교통·자동차 산업의 융합으로 통신 기능을 탑재한 차량이 등장하고 있다. 통신이 가능한 커넥티드카의 등장으로 교통 인프라, 스마트 디바이스들과 연결되어 운전자에게 안전운전, 교통효율 등의 다양한 교통 서비스를 제공할 수 있다. 이러한 커넥티드카와 교통 서비스로 구성된 스마트교통은 차량과 교통 인프라, 모바일 디바이스 등이 상호 연결된 첨단 교통 산업이라고 할 수 있다.

BI인텔리전스에 따르면 2020년 생산되는 자동차 중 75%가 통신이 가능한 커넥티드카가 될 것으로 예상하고 있으며, 2019년까지 140조원의 규모로 성장할 것이라고 예상하고 있다. 또한, 커넥티드카를 비롯한 텔레매틱스, 인포테인먼트 등의 스마트카 서비스 시장 규모는 2018년 2419억 규모로 예상하고 있으며, 지능형교통시스템(ITS, Intelligent Transportation System) 시장은 2020년까지 약 339억 달러 규모로 성장할 것으로 예상하고 있다.

그러나 스마트카, 교통 서비스에서 침해사고가 발생할 경우 인명피해와 같은 치명적인 위협이 발생할 수 있다. 대표적으로 2015년 블랙햇에서 원격으로 주행 중인 차량을 해킹하여 와이퍼와 같은 보조기능 작동뿐만 아니라 엔진 정지를 시연해 140만대의 차량을 리콜한 사례가 있다.

이와 같은 스마트교통에 대한 보안인식을 바탕으로 미국, 유럽, 일본 등 각 나라에서 스마트카 및 교통에 관련된 보안정책과 요구사항들을 제시하고 있다.

미국 도로교통안전국(NHTSA)은 2016년 9월에 자율주행자동차의 15가지 안전성 평가 기준의 내용을 담은 Federal Automated Vehicles Policy을 발표하고 10월에는 사이버안전 강화에 관한 7가지의 지침 내용을 담은 Cybersecurity Best Practices for Modern Vehicles를 발표하였다. 또한, 미국자동차기술학회(SAE)는 2016년 1월에 J3061 - Cybersecurity Guidebook for Cyber-Physical Vehicle Systems를 발표하여 자동차 사이버보안을 위한 개발 프로세스와 보안성 점검을 위한 취약점 테스트기법 등을 제시하였다.

유럽네트워크정보보호원(ENISA)은 2016년 12월에 스마트카를 보호하기 위한 주요 보안위협, 위협 시나리오 및 업계가 고려해야 하는 보안 조치에 관한 Cyber Security and Resilience of smart cars를 발표하였으며, 일본의 정보처리추진기구(IPA)는 2017년 3월에 자동차 시스템의 라이프사이클의 단계별 기능과 보안위협 및 대응방안을 담고 있는 자동차 정보보안에 대한 가이드 개정판을 공개하였다.

스마트교통의 사이버보안에 관한 국제적 활동에 비해 국내 자동차·교통 산업계의 보안의식 수준이 낮고, 교통 시스템에 대한 체계적인 분류와 지침이 부족한 형편이다. 따라서 본 가이드는 스마트교통 산업에 필요한 기본적인 보안항목 및 대응방안을 제시함으로써 스마트교통과 관련된 제품 및 서비스를 설계·제조하는 IT업체 및 운용업체와 이용자를 대상으로 보안인식 제고와 보안 내재화를 촉진하는데 목적이 있다.

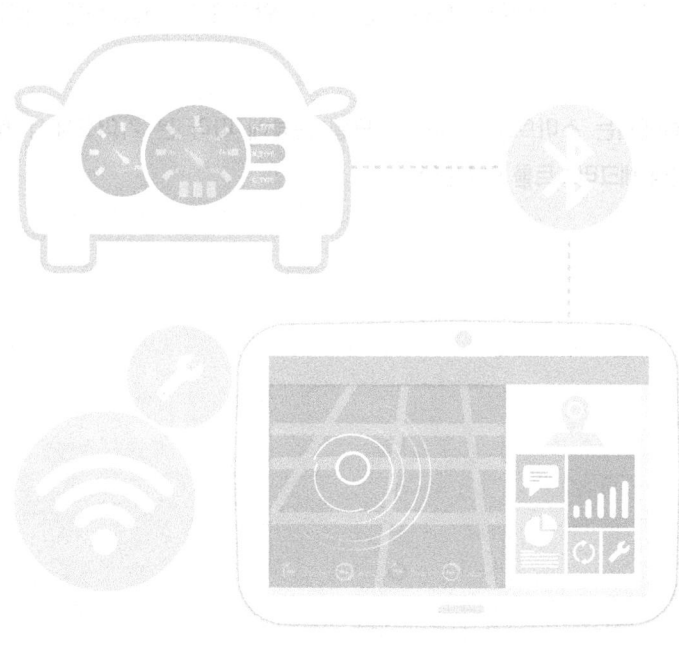

제2절 적용 범위

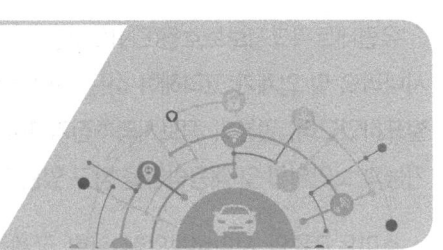

본 가이드는 스마트교통과 관련하여 현재 제공되는 V2V(Vehicle to Vehicle), V2I(Vehicle to Infrastructure), V2N(Vehicle to Network) 서비스를 비롯해 자동차의 전장 시스템에 대해 보안 요구사항을 제시하고 있다. 다만, IoT 제품 및 서비스를 중심으로 새로 파생되는 모든 스마트교통 제품 및 서비스를 포함하지 않을 수 있다. 또한 구체적 적용방안은 기업 및 기관별 시스템과 서비스 환경에 따라 다르게 적용될 수 있다.

본 가이드 1장에서는 스마트교통 산업에서의 안전한 서비스를 위한 가이드의 배경 및 목적과 적용 범위를 설명하고 사용되는 핵심 용어들을 설명한다.

2장에서는 스마트교통 서비스 모델을 구성요소, 네트워크, 서비스로 분류하여 분석한다. 또한 스마트교통 서비스에서 발생할 수 있는 보안위협 및 위협 시나리오를 분석한다.

3장에서는 스마트교통 서비스에서 필요한 기본적인 보안항목 및 대응방안을 제시하고 세부 내용을 설명한다.

마지막으로 부록에서는 스마트교통 서비스 모델 분류에 따라 본 가이드에서 제시한 대응방안을 포함하는 보안 안전성 체크리스트를 도출한다.

제3절
용어 및 약어 정의

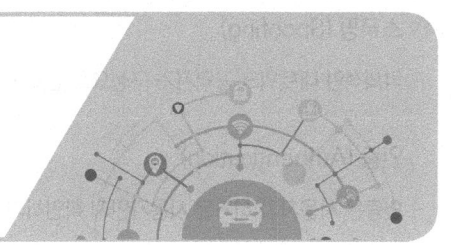

가용성 (Availability)
정당한 사용자가 데이터 또는 자원을 필요로 할 때, 부당한 지체 없이 원하는 객체 또는 차원으로의 접근 및 사용을 보장해 주는 성질

개인정보 (Privacy)
살아 있는 개인에 관한 성명, 주민등록번호, 영상 및 교통 시스템에서 차량정보, 운행정보, 위치정보 등과 같은 개인을 식별할 수 있는 정보를 의미

기밀성 (Confidentiality)
중요 정보가 인가되지 않은 상대방에게 노출되지 않음을 보장해 주는 성질

노변 기지국 (Road Side Unit)
교통 시스템에서 도로변에 설치 되어있는 노변 장치를 말하며, 차량단말기에서 전송하는 각종 데이터를 수집하여 센터시스템으로 전송하고 센터 및 노변의 지원시스템으로부터 도로, 교통 상황 및 안전 정보를 차량단말기에 전송

무결성 (Integrity)
네트워크를 통해 송·수신되거나 정보 시스템에 보관되어 있는 정보가 인가 없이 변경되거나 삭제되지 않도록 보장하는 성질. 데이터 및 네트워크 보안에 있어서 정보가 인가된 사람에 의해서만 접근 또는 변경이 가능하다는 확실성

부인방지 (Non-Repudiation)
메시지의 송·수신이나 교환 후, 또는 통신이나 처리가 실행된 후에 그 사실을 사후에 증명함으로써 사실 부인을 방지하는 보안기술

센터시스템 (Center System)
교통 시스템에서 노변 기지국 및 지원시스템을 통해 수집한 데이터를 이용하여, 도로를 이용하는 운전자에게 필요한 정보를 제공해주는 역할을 수행하며, 이를 위해 대규모 데이터 처리를 위한 빅 데이터 서버가 존재

◉ 스푸핑 (Spoofing)

악의적인 네트워크 공격자가 구성요소 간의 트래픽을 공격자의 컴퓨터로 우회시켜 정보를 탈취하는 기법

◉ 인증 (Authentication)

인증은 사용자가 허가된 사용자인지 확인하거나 전송된 메시지 위·변조 여부를 확인하는 성질

◉ 지원시스템 (Support System)

돌발 상황검지기, 보행자검지기, 통행료징수 시스템 등과 같이 주변 도로상황 및 기상상황을 실시간으로 검지하여, 센터 및 노변 기지국에 전송하는 역할을 수행

◉ 차량단말기 (On Board Unit)

교통 시스템에서 차량에 탑재되는 보조적인 장치를 말하며, 차량이 서비스를 제공받기 위해 다른 구성요소(차량단말기, 노변 기지국)간에 통신을 할 때 사용되는 무선 인터페이스

◉ ADAS (Advanced Driver Assistance Systems)

운전 중 발생할 수 있는 수많은 상황 가운데 일부를 차량 스스로 인지하고 상황을 판단, 기계장치를 제어하는 첨단 운전자 지원시스템

◉ BSM (Basic Safety Message)

차량과 차량의 통신을 위해 사용되는 메시지로 차량의 속도 및 위치정보 등을 포함하고 있으며, 차량단말기가 주변에 있는 다른 차량의 단말기들에게 브로드캐스팅 하는 메시지

◉ CAN (Controller Area Network)

차량 내의 각종 계측 제어 장비들 간에 디지털 직렬 통신을 제공하기 위해 개발된 차량용 네트워크 시스템으로 CAN-데이터 버스는 ECU들 간의 데이터 전송 및 제어에 사용

◉ DoS (Denial of Service)

시스템 또는 네트워크 자원에 대해 합법적으로 접근하는 사용자를 접근하지 못하도록 하는 시도로써, 주로 대량의 서비스 요구 데이터 패킷을 보내어 시스템에 과부하를 발생시켜 사용자에게 서비스를 제공하지 못하도록 하는 공격

◉ DSRC (Dedicated short-range communications)

차량 통신에 사용하는 단방향 또는 양방향의 단거리 무선 통신 채널로 톨게이트나 도로변에 설치한 장비와 자동차에 탑재한 단말 장치가 수 미터나 수십 미터 거리에서 양방향 무선 통신을 통해 다량의 정보를 순간적으로 교환

◎ ECU (Electronic Control Unit)
차량의 엔진, 변속기, 조향, 제동 등의 기계장치를 제어하는 자동차 전자 제어 장치

◎ Ethernet
특정 구역, 근거리에서 통신을 위해 사용하는 대표적인 버스 구조 방식의 통신망 기술로 차량에서 사용할 경우 높은 대역폭이 보장되어 분산 시스템과 분산 시스템의 제어기의 수가 함께 줄어들어 시스템의 복잡도가 감소

◎ FlexRay
차량에 사용되는 센서 개수 및 데이터의 양이 증가함에 따라 개발한 고용량 네트워크 기술로 파워 트레인과 섀시 부분에서 주로 사용

◎ GNSS (Global Navigation Satellite System)
인공위성을 이용하여 지상물의 위치·고도·속도 등에 관한 정보를 제공하는 시스템

◎ JTAG (Joint Test Action Group)
임베디드 시스템 개발 시에 사용하는 디버깅 장비로 개발 시 통합한 회로에 사용되는 IEEE 1149.1의 일반적인 이름

◎ LIN (Local Interconnect Network)
차량 내 각종 전자장치 제어를 위하여 개발한 근거리 저속 네트워크로 엔진 관리 등 높은 속도를 요구하는 경우를 제외한 일반 용도로 사용

◎ MAP data(Map Data Message)
노변 기지국과 차량의 통신을 위해서 사용되는 메시지로 노변 기지국이 차량단말기에게 전송하는 교차로의 위치, 진입 차선 및 이탈 차선 등을 나타내는 교차로에 대한 정밀한 지도 데이터 메시지

◎ MOST (Media Oriented Systems Transport)
다수의 차량용 멀티미디어 기기를 빠르게 제어하고 기기 간 통신속도를 높여 주는 차량 내 고속 네트워크 통신 기술

◎ OTA (Over The Air)
무선 채널을 통해 데이터를 해당 기기로 전송하여 펌웨어, 기기의 환경 설정 및 소프트웨어 등을 업데이트하는 방법

◎ PVD (Probe Vehicle Data Message)
차량이 노변 기지국과 통신을 위해서 사용되는 메시지로 차량이동 상태의 정보를 포함하고 있으며 일정 시간, 위치를 지날 때마다 노변 기지국에게 전송하는 메시지

◎ RTCM (Radio Technical Commission for Maritime services Corrections Message)
노변 기지국과 차량의 통신을 위해서 사용되는 메시지로 위성항법장치가 탑재된 차량 단말기의 위치를 보정하기 위한 메시지

◎ RSA (Road Side Alert Message)
노변 기지국과 차량의 통신을 위해 사용되는 메시지로 도로 위험상황 등의 정보를 포함하고, 노변 기지국이 도로의 위험상황을 주변 차량단말기에 전송할 때 사용하는 메시지

◎ SPaT (Signal Phase and Timing Message)
노변 기지국과 차량의 통신을 위해서 사용되는 메시지로 노변 기지국이 차량단말기에 교차로의 신호상태를 알리기 위해 사용되는 메시지

◎ TCU (Telecommunication Control Unit)
차량의 통신을 제어하는 장치로 텔레매틱스와 같은 정보 통신 서비스를 제어하는 장치

◎ TIM (Traveler Information Message)
노변 기지국과 차량의 통신을 위해서 사용되는 메시지로 주변 도로의 상황(공사, 청소, 광고)등의 정보를 포함하고 있으며, 노변 기지국이 인접하는 차량단말기에 주변 도로의 상황을 알릴 때 사용하는 메시지

◎ TPMS (Tire Pressure Monitoring System)
타이어 휠 내부에 장착된 자동 감지 센서를 통해 타이어의 공기압과 온도 등의 정보를 무선으로 보내 실시간 타이어 압력상태를 점검할 수 있는 장치

◎ UART (Universal Asynchronous Receiver/Transmitter)
컴퓨터의 비동기 직렬 통신을 처리하는 프로그램 또는 병렬 데이터의 형태를 직렬 방식으로 전환하여 데이터를 전송하는 컴퓨터 하드웨어의 일종

◎ V2I (Vehicle to Infrastructure)
차량 내에 설치된 통신 단말기와 상호 정보를 교환할 수 있는 일종의 기지국을 도로변에 설치하여 차량으로부터 주행 정보들을 수집하고, 이를 중앙 서버에서 분석하여 교통상황 및 대처 방법 등을 후속 차량에 제공

◎ V2N (Vehicle to Network)
차량과 네트워크가 연결되어 상호 통신을 통해 정보를 주고받는 것으로, 주로 무선을 통해 클라우드 기반의 보안, 정보, 엔터테인먼트 등의 정보를 교환

◉ V2V (Vehicle to Vehicle)

차량과 차량 간의 정보를 주고받을 수 있는 통신 단말기를 설치하여 이들 단말기들이 상호 통신하면서 차간 거리, 주행 속도 등의 정보 제공

◉ V2X (Vehicle to Everything)

차량을 중심으로 무선통신을 통해 도로인프라, 교통정보, 보행자 정보 등을 교환하고 공유하는 기술로 차량과 인프라(V2I), 차량(V2V), 네트워크(V2N) 등의 통신

◉ WAVE (Wireless Access in Vehicular Environment)

차량이 고속 이동환경에서 차량과 차량 또는 차량과 인프라 간의 통신을 짧은 시간 내에 주고받는 무선통신 기술로써, IEEE 802.11a/g 무선랜 기술을 차량환경에 맞도록 개량한 통신 기술

제1장 개요 | **제2장 스마트교통 서비스 모델 및 보안위협** | 제3장 스마트교통 보안 대응방안 | 부록

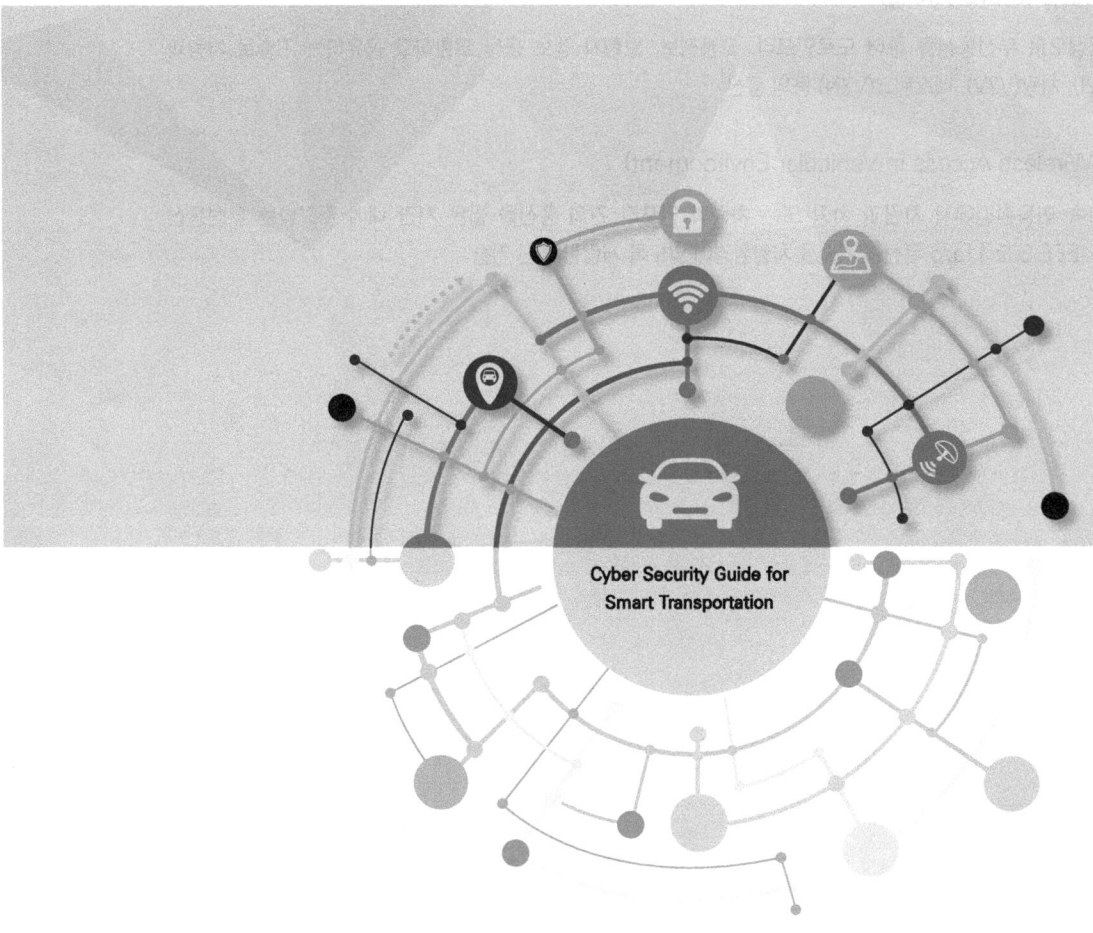

제2장

스마트교통 서비스 모델 및 보안위협

제1절 **스마트교통 서비스 모델**
제2절 **스마트교통 보안위협**
제3절 **위협 시나리오**

제1절
스마트교통 서비스 모델

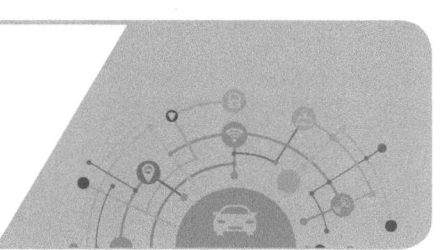

스마트교통은 유·무선 네트워크를 기반으로 스마트카, 인프라, 백앤드 서버 등과 서로 연결되어 데이터 교환을 통해 정보를 공유하고 교통안전과 교통효율 향상 및 사용자 편의를 제공하는 지능형 교통 서비스이다. 스마트카는 많은 전장 시스템이 내부 통신으로 연결되어 차량의 기본적인 제어 기능인 주행, 브레이크뿐만 아니라 사용자에게 교통정보, 지도정보 등의 다양한 서비스를 제공하고 있다. 또한 다양한 무선 네트워크를 통해 스마트카와 인프라, 스마트디바이스가 서로 연결되어 실시간 도로정보, 차량 원격 제어 등의 V2X 서비스를 제공할 수 있다.

그러나 스마트카의 일부 전장 시스템에 대한 사이버 보안 침해사고가 발생할 경우 스마트교통 서비스 전반의 보안위협으로 확대될 수 있을 뿐만 아니라 사람의 생명과 안전에 직접적인 피해를 야기 시킬 수 있다.

따라서 이번 장에서는 안전한 스마트교통 서비스 체계 구축을 위한 5개의 스마트카 전장 시스템과 3개의 스마트교통 서비스로 분류하여 각각의 구성요소, 네트워크, 서비스를 분석한다.

〈그림 1〉 스마트교통 서비스 모델 예시

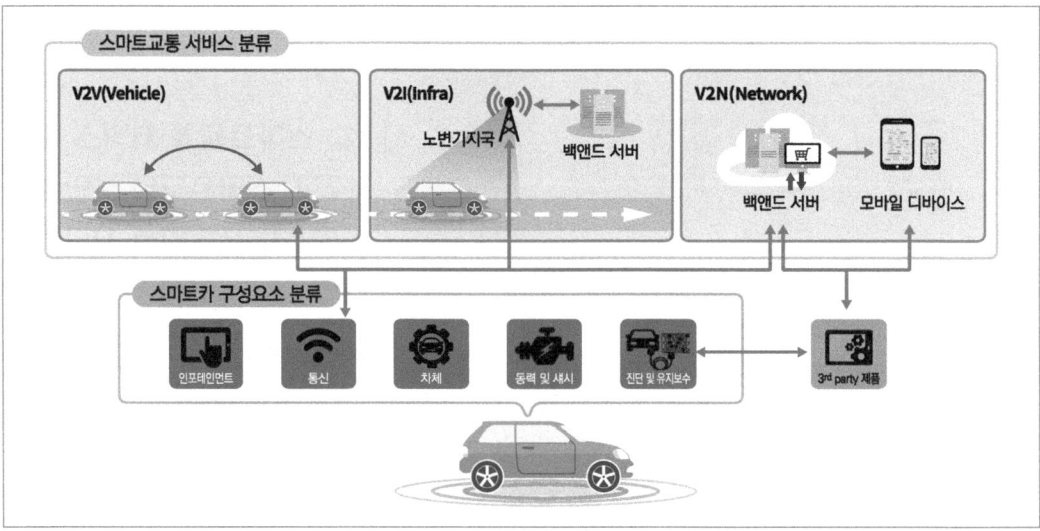

1. 스마트카 구성

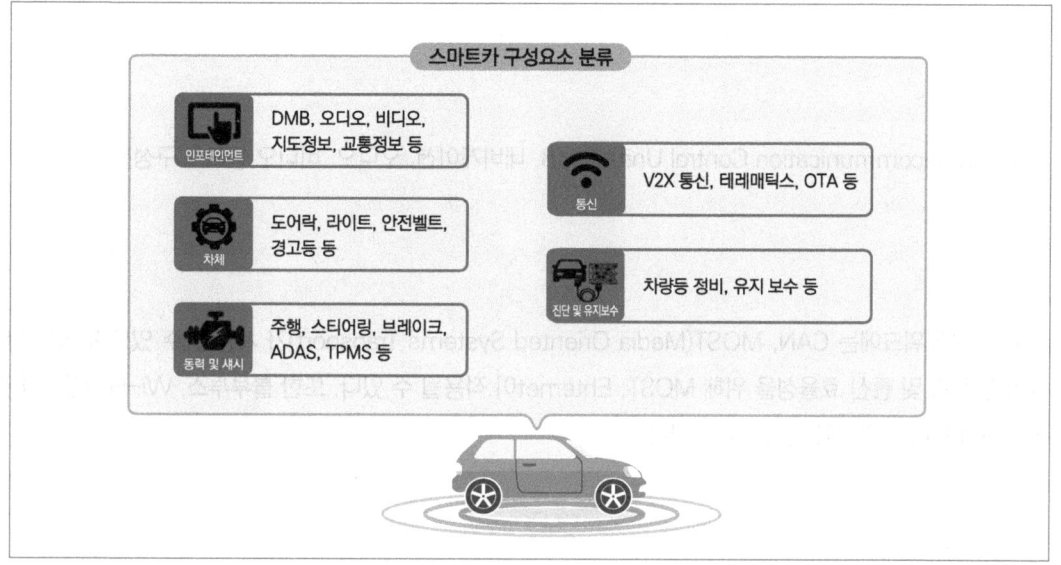

<그림 2> 스마트카 구성 예시

　스마트카는 전장 시스템의 ECU(Electronic Control Unit)가 내·외부 통신과 연결되어 사용자의 안전성 증대 및 다양한 편의 기능을 제공한다.

　ECU은 내부 프로토콜인 CAN(Controller Area Network)뿐만 아니라 각각의 특징에 맞는 다양한 프로토콜을 사용하여 내부 구성요소 및 외부 시스템과 연결한다. 또한 ECU에는 소프트웨어가 탑재되어 차량의 다양한 서비스를 제어할 수 있다. 따라서 본 가이드에서는 스마트카의 기본적인 제어 기능 및 서비스에 따라 5가지 전장 시스템으로 분류한다. 먼저 사용자에게 정보와 엔터테인먼트 서비스를 제공하는 인포테인먼트 제어와 V2X 등 통신 서비스를 제어하는 통신 제어, 차량의 안전을 진단하는 진단 및 유지보수 제어, 운전자 편의를 위해 차체를 제어하는 차체 제어, 차량의 기본 기능인 주행을 제어하는 동력 및 섀시제어로 구분한다.

1.1. 인포테인먼트 제어(Infotainment control)

사용자에게 교통, 지도 등의 정보 전달 서비스, 오디오, 비디오 등의 엔터테인먼트 서비스 등을 제공한다.

가. 구성요소

TCU(Telecommunication Control Unit), DMB, 내비게이션, 오디오, 비디오 등으로 구성된다.

나. 네트워크

내부 네트워크에는 CAN, MOST(Media Oriented Systems Transport)가 사용될 수 있으며, 실시간 대용량 전송 및 통신 효율성을 위해 MOST, Ehternet이 적용될 수 있다. 또한 블루투스, Wi-Fi 등을 통해 사용자의 모바일 기기와 연결이 가능하다.

다. 서비스

사용자에게 정보 전달 및 엔터테인먼트 서비스 등을 제공하며, 차량 제어를 위한 사용자와 차량 간의 인터페이스 기능을 수행한다. 또한, 사용자의 모바일 기기와 연결하거나 차량의 통신제어기능과 결합을 통한 외부 정보 활용이 가능하다.

> **인포테인먼트 서비스 예**
>
> - **엔터테인먼트 서비스**
>   사용자는 차량을 통해 오디오, 비디오, 라디오 등의 엔터테인먼트 서비스를 이용할 수 있다.
>
> - **정보 전달 서비스**
>   사용자는 차량을 통해 교통정보, 지도정보, 경로 탐색 등의 필요한 정보를 실시간으로 전달 받을 수 있다.

1.2. 통신 제어(Communication control)

차량의 구성요소와 외부와의 연결을 제어하여 텔레매틱스 서비스, V2X 통신의 서비스 등 다양한 연결 서비스를 제공한다.

가. 구성요소

TCU, OBU(On Board Unit), 통신 기능이 삽입된 게이트웨이 ECU 등으로 구성된다.

나. 네트워크

차량 간, 차량 대 인프라 통신 등 V2X 서비스에는 DSRC(Dedicated Short Range Communications) 방식의 WAVE(Wireless Access in Vehicluar Environments) 통신 등이 사용되고 있으며, LTE, 5G 등의 셀룰러 통신이 사용될 수 있다. 또한, 블루투스, Wi-Fi, USB 등을 통해 차량 내에서 외부 기기와 연결이 가능하다.

다. 서비스

TCU를 통한 텔레매틱스 서비스와 WAVE 통신을 통해 V2X 통신 서비스가 제공되고 있으며, 블루투스, Wi-Fi 등을 통해 외부 기기와의 연결하여 다양한 서비스를 제공한다.

통신 서비스 예

- **V2X 통신의 서비스**
  현재 WAVE 통신을 통해 차량 간 안전주행, 교통효율 등을 위한 V2V, V2I, V2N 서비스가 제공되고 있으며, 향후 셀룰러 통신을 통해 차량과 연결되는 V2X의 다양한 서비스가 제공될 수 있다.

- **텔레매틱스 및 외부 기기와의 연결 서비스**
  블루투스, Wi-Fi, USB 등을 통해 차량 내의 외부 기기와 연결하여 엔터테인먼트 서비스가 제공될 수 있으며, 펌웨어 업데이트, 원격 시동, eCall 서비스 등의 다양한 서비스가 제공될 수 있다.

- **OTA 업데이트 서비스**
  셀룰러 통신 등을 통해 OEM(Original Equipment Manufacturer)의 백엔드 서버와 연결되어, 소프트웨어 및 설정 값 등의 데이터 업데이트 서비스가 제공될 수 있다.

1.3. 진단 및 유지보수 제어(Diagnosis and Maintenance control)

OBD(On Board Diagnostics)-Ⅱ 포트 등을 통해 차량의 외부 기기와 연결하여 차량 진단 및 유지보수 기능을 제공한다.

가. 구성요소

OBD-Ⅱ 포트, 3rd party 제품 등으로 구성된다.

나. 네트워크

내부 네트워크에는 CAN과 Ethernet의 DoIP(Diagnostic over IP) 프로토콜이 사용될 수 있으며, OBD-Ⅱ 포트와 3rd party 동글을 통해 차량 소유주의 태블릿, 모바일 기기, PC 등과 연결될 수 있다.

다. 서비스

OBD-Ⅱ 포트와 서비스 센터의 진단 도구, 3rd party 제품 등을 통해 차량에 대한 진단 및 유지보수 서비스를 제공한다.

진단 및 유지보수 예

- **OBD-Ⅱ 포트를 통한 서비스**
  차량 정비 및 진단 장비를 OBD-Ⅱ 포트를 통해 차량과 연결하여 에러 확인 및 상태 점검이 가능하며, ECU 등의 차량 내부 펌웨어 업데이트 서비스를 제공할 수 있다.

- **3rd party 제품을 활용한 서비스**
  스마트 동글과 같은 3rd party 제품에는 OBD-Ⅱ 연결뿐만 아니라 블루투스와 셀룰러 연결을 통해 태블릿, 모바일 기기, PC 등과 연결되어 차량 진단 및 유지보수 서비스를 제공할 수 있다.

1.4. 차체 제어(Body control)

차량의 주행과 상관없이 운전자 편의를 위해 차량의 차체를 제어하는 서비스를 제공한다.

가. 구성요소

차량의 도어락, 라이트, 안전벨트, 경고등, 창문, 시트 열선, 공조 시스템 등의 ECU로 구성된다.

나. 네트워크

내부 네트워크에는 CAN, LIN(Local Interconnect Network) 등이 사용되고 있으며, 향후 간단한 제어를 위해 저가형·경량 네트워크인 LIN을 지속적으로 사용될 수 있다. 또한 차량의 도어락은 RF(Radio Frequency) 통신을 사용한다.

다. 서비스

운전자의 편의를 위해 차체를 제어하는 서비스를 제공한다.

> **차체 서비스 예**
>
> ● **차체 제어 서비스**
> 운전자 편의를 위한 서비스로 도어락, 라이트, 안전벨트, 경고등, 창문, 시트 열선, 공조전장 시스템 등의 서비스를 제공한다.

1.5. 동력 및 섀시 제어(Powertrain and Chassis control)

엔진, 모터, 브레이크 등을 통해 동력 전달, 주행, 브레이크 등 차량을 기본적인 동작을 제어하는 서비스를 제공한다.

가. 구성요소

동력 제어에는 엔진, 모터, 변속기 등으로 구성되며, 섀시 제어에는 스티어링, 휠, 에어백, 브레이크, ADAS(Advanced Driver Assistance System) 등의 ECU로 구성된다.

나. 네트워크

내부 네트워크에는 고속 데이터 전송을 위해 CAN, FlexRay 등이 사용되고 있으며, 향후 Ethernet을 적용 확대 가능하다. 카메라를 기반으로 한 ADAS의 경우 대용량 처리를 위해 Ethernet으로 제공될 수 있다.

다. 서비스

동력 전달, 주행, 브레이크, ADAS, TPMS(Tire Pressure Monitoring System) 등의 서비스를 제공한다.

동력 및 섀시 서비스 예

- **동력 제어 서비스**
  차량의 엔진, 모터, 변속기 등을 통해 주행, 속도 제어, 변속을 담당하여 차량의 기본적인 동작을 제어하는 서비스를 제공한다.

- **섀시 제어 서비스**
  차량의 브레이크와 스티어링 제어 등을 통해 제어 서비스를 담당하고 있으며, 운전자 지원을 담당하는 ADAS, TPMS 서비스를 제공한다.

〈표 1〉 스마트카 구성요소 및 제공 서비스 예시

	인포테인먼트	통신	진단 및 유지 보수	차체	동력 및 섀시
구성요소	TCU, DMB, AVN (오디오, 비디오, 내비게이션) 등	TCU, OBU 등	OBD2, 포트, 3rd party 동글 등	도어락, 라이트, 안전벨트, 경고등, 창문, 공조 시스템 등	- 동력제어(엔진, 모터, 변속기 등) - 섀시제어(스티어링, 휠, 브레이크, ADAS 등)
네트워크	CAN, MOST, Cellular, 블루투스, Wi-Fi 등	Cellular, DSRC(WAVE), 블루투스, Wi-Fi, USB 등	CAN, Ethernet 등	CAN, LIN, RF 등	CAN, FlexRay, Ethernet 등
서비스	오디오, 비디오, 지도정보, 교통정보, 실시간 경로 검색 등	ITS 서비스 (V2V, V2I, V2N), 텔레매틱스 서비스, OTA 서비스 등	차량 정비, 유지 보수 등	도어락, 라이트, 안전벨트, 경고등, 창문, 시트열선, 공조 시스템 등	주행, 스티어링, 브레이크, ADAS, TPMS 등

2. 스마트교통 서비스

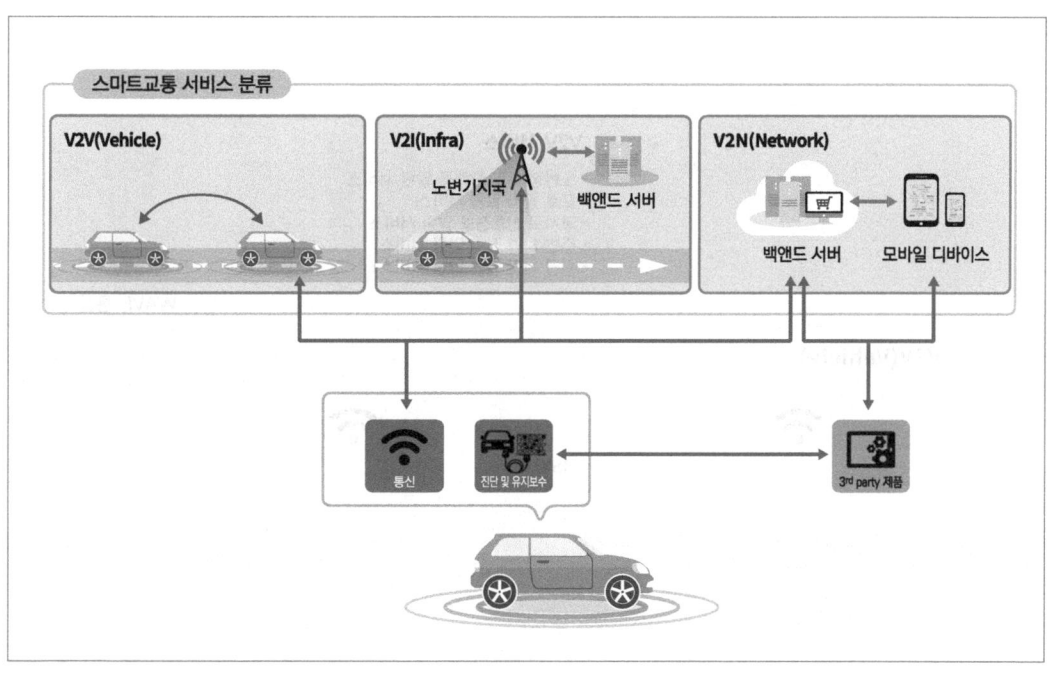

〈그림 3〉 스마트교통 서비스 예시

스마트교통 서비스는 도로 안전, 교통효율, 각종 편의 서비스 제공을 목표로 한다. 도로 상황 정보, 주변 차량 정보 알림 서비스를 통해 도로 안전을 높일 수 있으며, 실시간 교통 상황을 반영한 최적 경로 공지, 정체가 없는 스마트 톨링 서비스를 통해 교통효율을 높일 수 있다. 또한 차량 원격 제어, 드라이브 스루 등의 지불, 가정이나 직장과 유사한 플랫폼을 통한 콘텐츠 제공 등의 다양한 편의 서비스를 제공하고 있다.

스마트교통 서비스는 크게 차량의 통신 대상에 따라 세 가지 서비스로 나뉠 수 있다. 차량과 차량의 통신으로 제공되는 V2V서비스, 차량과 노변 기지국(RSU, Road Side Unit)의 통신으로 제공되는 V2I 서비스, 차량과 백엔드 서버의 직접적인 통신으로 제공되는 V2N서비스로 나뉠 수 있다. V2I 서비스에서 차량은 백엔드 서버와 연결될 수 있긴 하지만, 노변 기지국을 통해 연결된다는 측면에서 V2N서비스와 구분된다. V2V, V2I 서비스는 ITS(Intelligent Transport System)의 일종이며 주로 교통효율, 안전성 확보를 위해 제공되는 서비스인 반면, V2N서비스는 OTA, 유지보수 서비스, 운전자 성향 분석, 개인화된 멀티미디어 제공 등의 다양한 목적을 위해 제공된다. 이번 절에서는 이런 스마트교통 서비스에 대해 자세히 분석한다.

2.1 V2V 서비스

V2V는 차량과 차량 간의 통신을 의미하며, 차량에 탑재된 OBU 장치를 통해 무선 통신이 가능하다. V2V 서비스는 아래 그림과 같이 주변 차량이 서로 통신하여 위치정보, 운행정보를 포함한 BSM 메시지를 송·수신한다. 이를 통해 도로정보 및 차량정보 알림 등의 다양한 서비스를 제공한다.

〈그림 4〉 V2V 서비스 예시

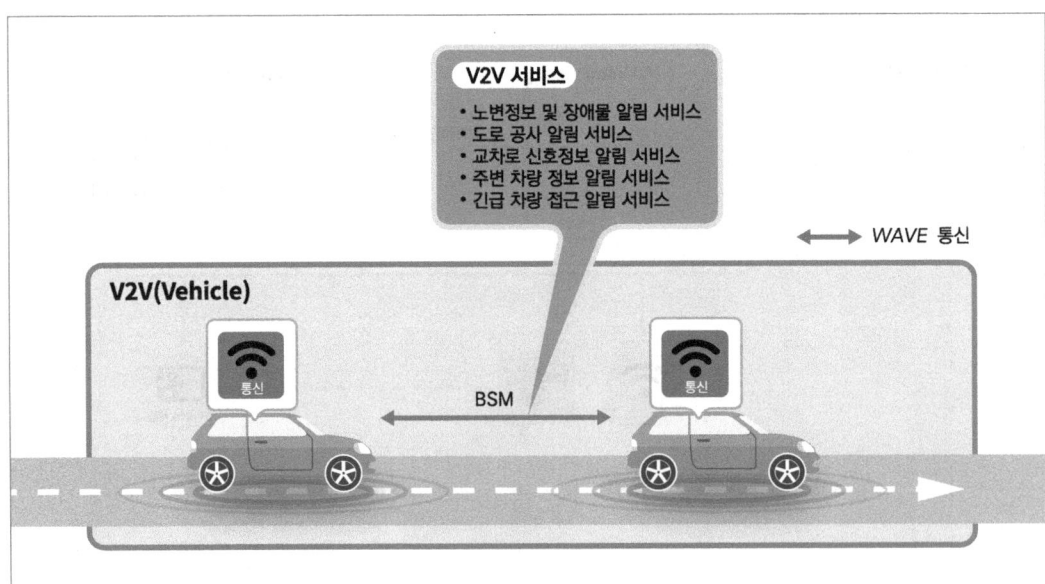

가. 구성요소

V2V 서비스는 차량과 차량으로 구성된다.

나. 네트워크

차량 간의 통신으로 차량에 탑재된 OBU 장비를 통해 통신하며, 통신은 단거리 전용 통신인 DSRC 방식의 WAVE(IEEE 802.11p) 통신을 사용한다. 향후, LTE, 5G 등의 셀룰러 통신이 사용될 수 있다. 현재 제공되는 V2V 서비스는 차량이 통신 범위에 존재하는 모든 차량에게 동시에 전송하는 브로드캐스트 방식을 통해 BSM 메시지를 전송한다.

다. 서비스

V2V 서비스는 차량이 BSM 메시지를 송·수신하여 서비스를 제공하고 있으며 교통안전, 교통효율 등을 위한 V2V 서비스 예는 아래와 같다.

V2V 서비스 예

- **노변정보 및 장애물 알림 서비스**
  선행 차량은 도로 균열, 빙판, 장애물 등의 잠재적 위협과 실시간 돌발 상황에 대해 주변 차량에게 노변정보를 전송하여 교통 체증 완화 및 주의 운전을 유도하는 서비스이다.

- **도로 작업 알림 서비스**
  선행 차량은 도로에서 진행 중인 공사, 청소 등의 작업 상황에 대하여 주변 차량에게 도로 작업 상황을 제공하는 서비스이다.

- **교차로 상황 알림 서비스**
  교차로를 지나간 선행 차량은 신호위반 및 차선이탈 차량의 정보를 알려주는 서비스로 발생 가능한 충돌사고 및 신호위반을 예방하는 서비스이다.

- **주변 차량정보 알림 서비스**
  주행 차량의 고장, 사고 등의 위험상황과 비정상적인 고속, 저속차량 등의 특이차량에 대한 정보를 수집·전송하여 차량의 충돌사고 및 2차 사고를 예방하는 서비스이다.

- **긴급 차량 접근 알림 서비스**
  구급차, 소방차와 같은 긴급 차량이 차량 주변에 접근할 경우, 전방 차량에게 미리 정보를 전송하여 차선 변경 및 서행을 유도하는 서비스이다. 이를 통해 긴급 차량이 구난, 구조현장 및 사고지점의 도착시간을 단축할 수 있다.

2.2. V2I 서비스

V2I는 차량과 인프라 간의 통신을 의미하며, 일반적으로 차량에 탑재된 OBU 장치를 통해 노변 기지국과 무선 통신을 통해 메시지를 송·수신하고 노변 기지국은 센터시스템과 같은 백엔드 서버와 연결된다. V2I 서비스는 아래 그림과 같이 차량 OBU가 노변 기지국에 차량의 상태정보와 위치정보, 운행정보를 포함한 PVD 메시지를 노변 기지국을 통해 센터시스템으로 전송한다. 센터시스템은 차량의 정보를 저장하고 가공된 교통정보 및 노변상황을 주변 차량에게 전송하여 다양한 서비스를 제공한다.

〈그림 5〉 V2I 서비스 예시

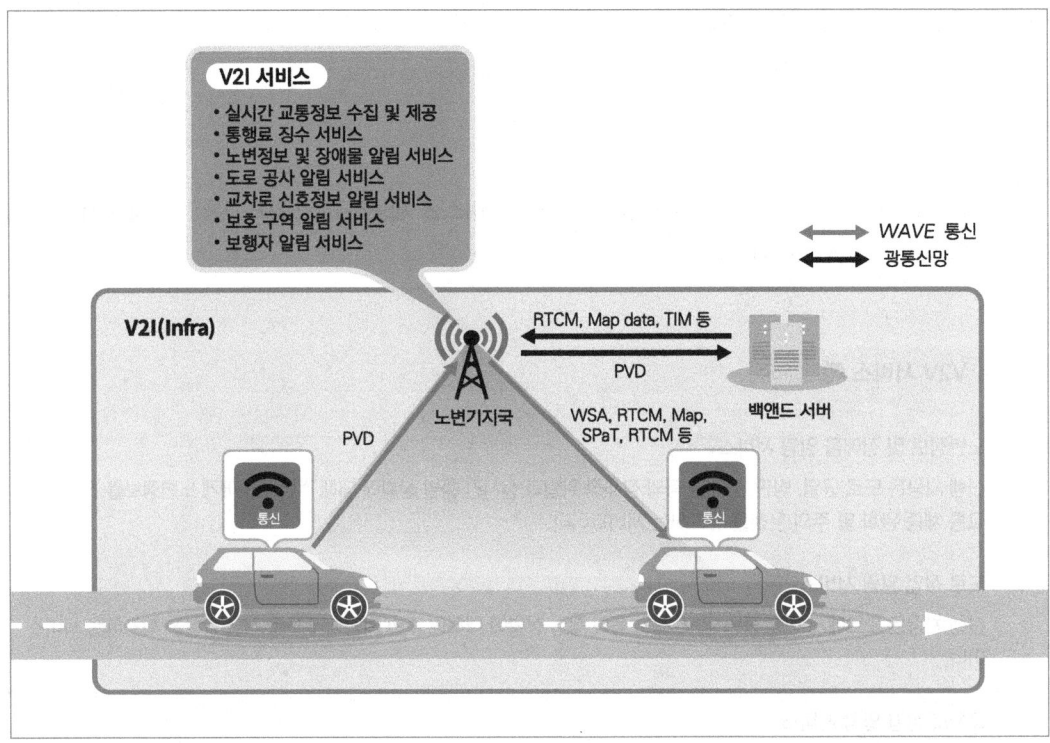

가. 구성요소

V2I 서비스는 차량, 노변 기지국, 백엔드 서버로 구성된다.

나. 네트워크

차량은 탑재된 OBU 장비를 통해 노변 기지국과 WAVE 통신을 통해 통신하며, 노변 기지국은 백엔드 서버인 센터시스템과 광통신망을 통해 통신한다. 단거리 전용 통신인 DSRC 방식의 WAVE 통신은 향후

LTE, 5G의 셀룰러 통신으로 사용될 수 있으며, 노변 기지국은 WAVE 통신을 통해 범위에 존재하는 모든 차량에게 동시에 전송하는 브로드캐스트 방식을 통해 다양한 안내 메시지를 전송한다.

다. 서비스

V2I 서비스는 차량의 상태 정보인 PVD 메시지를 노변 기지국을 통해 센터시스템이 수집·저장하고, 센터시스템은 노변 기지국을 통해 지도 데이터인 Map data, 구간정보 및 제한속도 등의 정보 안내 메시지인 TIM, 정밀측위 보정 메시지인 RTCM 등의 메시지 전송을 통해 차량에게 다양한 서비스를 제공한다. 또한 노변 기지국은 지원시스템에서 수집한 도로위험상황 메시지인 RSA와 교통신호상태 메시지인 SPaT을 차량에게 전송하여 안전 운전을 유도한다.

V2I 서비스 예

- **실시간 교통정보 수집 및 제공 서비스**
  차량의 OBU는 노변 기지국을 통해 차량의 상태정보와 위치정보, 운행정보를 백엔드 서버인 센터시스템으로 전송하여 저장한다. 센터시스템은 가공된 교통정보를 주변 차량에게 도로 상황을 빠르게 인지할 수 있도록 하는 서비스이다.

- **통행료 징수 서비스**
  차량이 주행속도를 유지하면서 통행료를 징수할 수 있는 서비스로 기존에 차량이 톨게이트에서 정차 및 서행하여 요금을 지불하는 서비스와는 차이점이 있다.

- **노변정보 및 장애물 알림 서비스**
  도로 균열, 빙판, 장애물 등의 잠재적 위협 및 실시간 돌발 상황에 대해 노변 기지국은 사전에 주변 차량에게 안전운행 정보 및 상황 정보를 제공하는 서비스이다.

- **도로 작업 알림 서비스**
  도로에서 진행 중인 공사, 청소 등의 작업 상황에 대하여 노변 기지국은 주변 차량에게 도로 작업 상황을 제공하는 서비스이다.

- **교차로 신호정보 알림 서비스**
  교차로를 통과하는 차량에게 교차로 신호정보를 알려주는 서비스로 발생 가능한 충돌사고 및 신호위반을 예방하는 서비스이다.

- **보호 구역 알림 서비스**
  스쿨존, 실버존 등의 보호 구역에 설치된 노변 기지국은 주변 차량에게 규정 속도 및 보호 구역 정보를 전송하여 보호 구역에 대한 주의 운전을 유도하는 서비스이다.

- **보행자 알림 서비스**
  교차로, 횡단보도 주변에 보행자 및 자전거의 주행을 노변 기지국이 인지하여 주변 차량에게 정보를 제공하여 충돌 사고 방지 및 주의 운전을 유도하는 서비스이다.

2.3. V2N 서비스

〈그림 6〉 V2N 서비스 예시

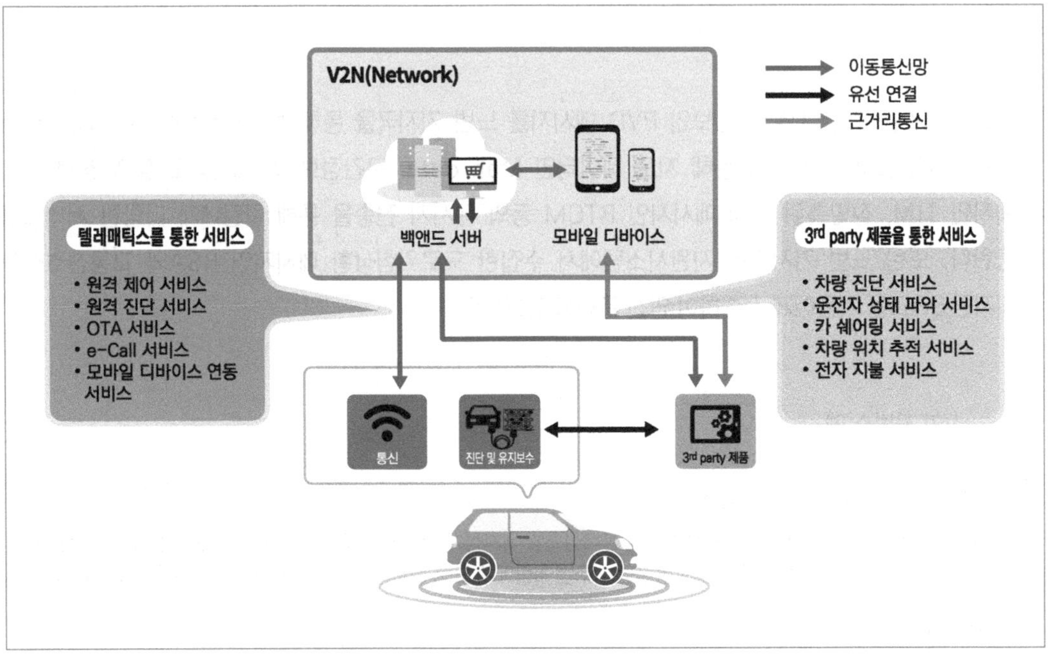

V2N은 차량과 네트워크가 연결되어 인터넷 및 클라우드 등과의 상호 통신하는 것을 의미하며, 차량에 탑재된 통신제어의 텔레매틱스 유닛(TCU) 등을 통해 백엔드 서버와 통신하거나, 진단 및 유지보수의 OBD-Ⅱ 포트에 3rd party 제품을 연결하여 백엔드 서버와 통신하는 방식으로 구성된다. OBD-Ⅱ 포트에 연결된 3rd party 제품이 근거리 통신(블루투스, Wi-Fi)만 가능한 제품일 경우, 모바일 기기를 통해 백엔드 서버와 통신하는 방식으로 구성된다. 또한, 네트워크에 연결된 백엔드 서버는 사용자 단말(모바일앱, WEB 등)과의 통신도 제공하고 있어 원격에서 차량을 제어하는 서비스 등이 이용 가능하다.

진단 및 유지보수를 위한 OBD-Ⅱ나 원격제어를 위한 텔레매틱스 유닛은 차량의 각종 센서 정보에 접근할 수 있다. 차량 센서들의 센싱 정보들은 텔레매틱스 장치나 OBD-Ⅱ에 연결된 제품(동글) 등을 통해 모바일 장치에서 실시간 확인이 가능하다. 실시간으로 센싱 정보를 획득하여 주행에 도움을 받을 수도 있지만, 이런 정보들이 가치를 가지려면 센싱 정보들을 장기간 수집하여 분석하는 것이 요구된다. 그러나 텔레매틱스 유닛을 갖고 있는 인포테인먼트 장비나, 모바일 장치는 컴퓨팅 및 스토리지 리소스가 제한되어 있기 때문에 이런 작업을 할 수 없다. 날이 갈수록 더 많은 리소스와 컴퓨팅을 요구하는 애플리케이션과 서비스가 나오는 상황에서 차량에서 모든 정보를 처리 할 수 없기 때문에 백엔드 서버로 가치 있는 센싱 정보들을 전달하여 저장 및 분석할 수 있도록 한다. 분석된 센싱 정보를 통해 차량 진단 서비스, 운전자의 운전 습관 파악, 운전자의 음주, 졸음운전 등의 이상 상태를 파악할 수 있다. 또 이동 통신망을 통해 차량이나 3rd party 제품의 소프트웨어나 펌웨어를 업데이트 할 수 있다. 여기에서 백엔드 서버는 OEM, 클라우드 기반 서버, 3rd party 제품의 서버, 보험사 등이 될 수 있다.

2.3.1. 텔레매틱스를 통한 서비스

〈그림 7〉 텔레매틱스를 통한 서비스

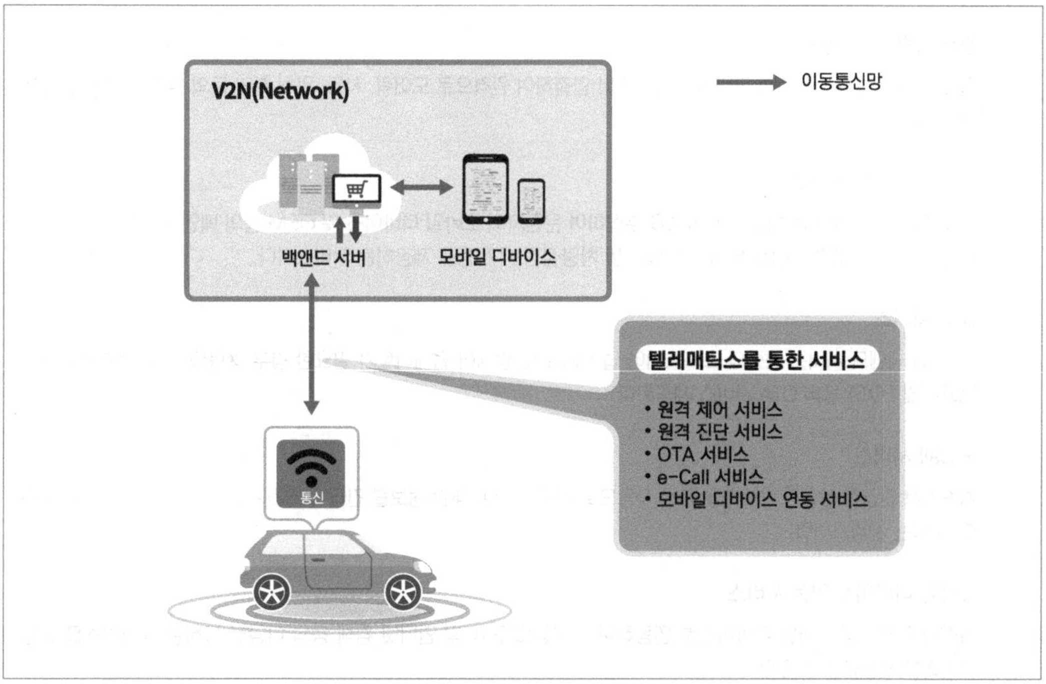

가. 구성요소

텔레매틱스 유닛이 장착된 차량과 백엔드 서버, 그리고 모바일 기기로 구성된다.

나. 네트워크

각 구성요소는 이동통신망을 통해 연결된다.

다. 서비스

텔레매틱스는 원격으로 차량에 접속할 수 있는 기술로 차량을 원격에서 진단 및 정보 제공 등이 가능하며, OEM은 차량의 센서로부터 지속적으로 수집한 정보를 분석하여 결함 및 오류를 사전에 탐지하여 유지보수 서비스에 사용할 수 있다. 또한 SOTA(Software Over The Air), FOTA(Firmware OTA)등의 OTA 업데이트 서비스를 제공할 수 있다.

텔레매틱스를 통한 서비스 예

- **원격 차량 제어 서비스**
  차량 TCU를 통해 사용자의 모바일 디바이스와 연결하여 원격으로 도어락, 시동, 위치 확인 등의 원격 제어할 수 있는 서비스이다.

- **원격 차량 진단 서비스**
  OEM의 백엔드 서버는 차량상태 정보를 수집하여 운전자의 모바일 디바이스 및 OEM 등의 백엔드 서버로 차량점검 진단 결과를 제공한다. 이를 통해 차량상태 및 차량점검 시기 등을 제공하는 서비스이다.

- **OTA 서비스**
  OEM의 백엔드 서버는 차량의 소프트웨어 업데이트 및 펌웨어 업데이트가 필요한 경우, 차량과 원격으로 연결하여 SOTA 및 FOTA 등의 OTA 서비스 제공한다.

- **e-Call 서비스**
  차량에서 긴급한 상황이 발생했을 경우 자동으로 긴급 상황에 대한 정보를 긴급 구조기관과 같은 백엔드 서버로 전송할 수 있는 서비스이다.

- **모바일 디바이스 연동 서비스**
  차량과 운전자의 모바일 디바이스를 연동하여 최적경로 탐색 및 인터넷 검색 등의 다양한 모바일 디바이스를 통한 서비스를 제공받을 수 있다.

2.3.2. 3rd party 제품을 통한 서비스

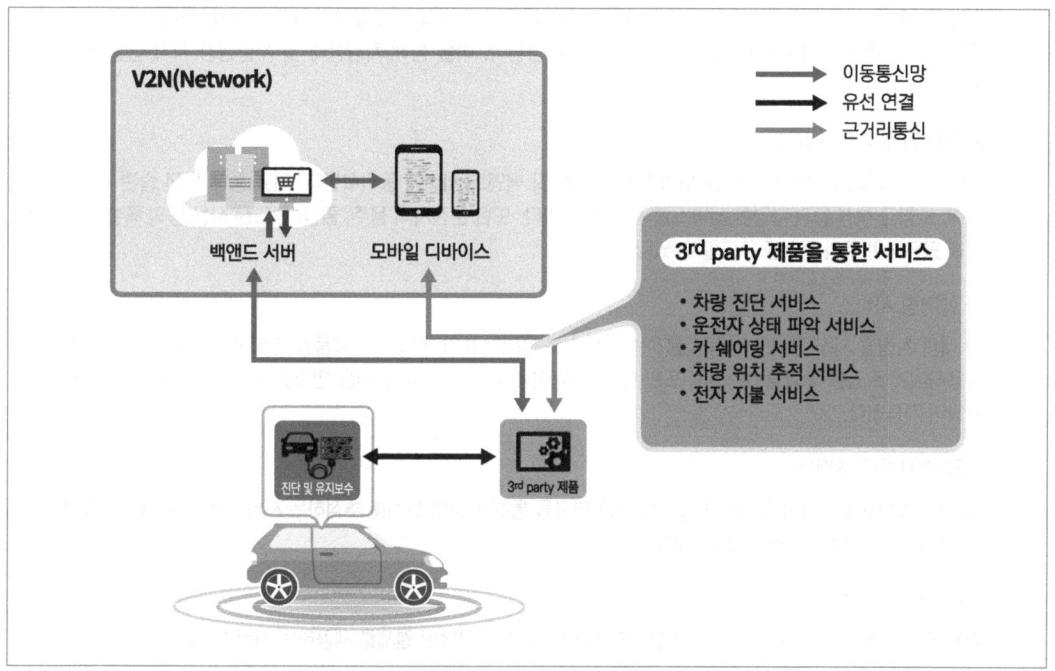

〈그림 8〉 3rd party 제품을 통한 서비스 예시

가. 구성요소

OBD-II 포트에 3rd party 제품이 장착된 차량과 백엔드 서버로 구성되며 통신 기능이 없는 3rd party 제품일 경우 모바일 디바이스를 추가 연결하여 백엔드 서버와 통신한다.

나. 네트워크

OBD-II 포트에 3rd party 제품이 장착된 차량은 백엔드 서버와 이동통신망을 통해 연결되며, 모바일 디바이스를 통해 백엔드 서버와 통신할 경우에는 3rd party 제품은 모바일 디바이스와 블루투스, Wi-Fi와 같은 근거리 무선통신으로 연결되어 백엔드 서버와 통신한다.

다. 서비스

주로 차량 유지·보수를 위한 차량 진단과, 사용자 운전 습관 및 이상 운전 징후 발견하여 운전자의 운전 습관을 개선하는 서비스를 제공한다. 또한 카쉐어링 서비스, 차량의 위치 추적 서비스를 제공한다.

3rd party 제품을 통한 서비스 예

- **차량 진단 서비스**
  차량의 OBD-II와 통신 가능한 3rd party 제품을 연결하여 차량상태 정보를 수집하고 운전자의 모바일 디바이스 및 OEM 등의 백엔드 서버로 차량점검 진단 결과를 제공한다. 이를 통해 차량상태 및 차량점검 시기 등을 제공하는 서비스이다.

- **운전자 상태 파악 서비스**
  차량은 운전자의 운전습관 정보를 모바일 디바이스 및 백엔드 서버에 동기화한다. 이를 통해 운전 습관 개선, 주행 예측, 보험금 책정 등의 다양한 서비스를 제공할 수 있다. 또한 운전자의 음주, 졸음, 핸드폰 사용 등의 특별한 상황에 대해 판단하여 주의 운전을 유도할 수 있다.

- **카 쉐어링 서비스**
  한 대의 차량을 시간 단위로 나눠 사용하는 서비스로 OBD-II와 3rd party 제품을 연결하여 주행 거리를 책정하고 사용자에게 요금을 부과할 수 있다. 또한 GPS 기능이 삽입된 3rd party 제품 연결을 통해 주행 거리 및 차량 위치 파악이 가능하다.

- **차량 위치 추적 서비스**
  OBD-II와 GPS 기능이 삽입된 3rd party 제품 연결을 통해 차량의 위치를 추적하는 서비스로 택배, 통학차량, 버스, 화물트럭 등의 이동정보를 제공받는 서비스이다.

- **전자 지불 서비스**
  전자 지불 기능이 삽입된 3rd party 제품을 연결하여, 필요 시 간단한 결제를 제공하는 서비스이다.

<표 2> 스마트교통 서비스의 구성요소 및 제공 서비스 예시

	V2V	V2I	V2N
구성요소	차량 ↔ 차량	차량 ↔ 인프라(RSU), 백앤드 서버	차량 ↔ TCU, 모바일, 백앤드 서버 등
네트워크	DSRC(WAVE), Cellular 추진 중	DSRC(WAVE), 광통신망, Cellular 추진 중	Cellular, Wi-Fi, 블루투스
서비스	노변정보 및 장애물 알림, 도로 작업 알림, 교차로 상황 알림, 주변 차량 정보 알림, 긴급 차량 접근 알림 서비스 등	실시간 교통정보 수집 및 제공, 통행료 징수, 교차로 신호정보 알림, 보호 구역 알림, 보행자 알림 서비스 등	원격 차량 제어, 원격 차량 진단, OTA, e-Call 모바일 디바이스 연동, 운전자 상태 파악, 카 쉐어링, 차량 위치 추적, 전자 지불 서비스 등

제2절
스마트교통 보안위협

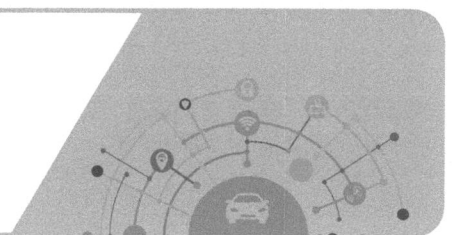

차량의 구성요소들은 내부 네트워크를 통해 CAN 메시지를 송·수신하여 차량의 기본적 서비스를 제공하고 있으며 차량과 차량, 인프라 및 네트워크를 통해 안전과 사용자 편의를 위한 다양한 서비스를 제공하고 있다. 차량과 교통 시스템이 네트워크로 연결됨에 따라 차량의 구성요소 및 교통 서비스 중 하나라도 보안위협에 노출될 경우 교통 서비스 전체적 위협으로 확대될 수 있다. 이에 따라 스마트교통에서 발생 가능한 보안위협을 파악하고 이에 대한 공격 방식을 파악하는 것이 중요하다.

본 가이드에서 분석한 스마트교통의 주요 보안위협은 아래와 같다.

〈표 3〉 스마트교통의 주요 보안위협

보안위협	공격방법
물리적 위협	• 차량과 교통시스템에 직접 접근하여 USB, OBD2 포트 등을 통해 불법 펌웨어 업데이트 및 데이터 위·변조, 탈취
모바일 기기 조작	• 모바일 기기 앱을 통한 차량 제어 애플리케이션, 통신 등을 조작하여 차량의 제어권 및 민감 정보 탈취
펌웨어 조작	• 차량 및 교통시스템 펌웨어 분석을 통한 변조된 펌웨어 유퍼, 통신 데이터 조작 등으로 오작동, 정보유출, 서비스 장애 등을 유발
메시지 위·변조	• 통신 도청 및 분석을 통한 데이터 유출 및 위·변조된 허위 데이터 전송으로 오작동 유발 및 메시지 송수신 부인
중계 공격	• 무선 신호를 복제 및 재전송을 통해 인증을 우회하여, 차량 절도나 교통시스템에 다른 차량 사칭하여 교통혼잡 유발
DoS 공격	• 차량 내·외부 및 교통의 통신 구간에 유효하지 않은 메시지 전송이나 대량의 서비스 요구 패킷 전송을 통한 서비스 오류 유발
미숙한 서비스 관리	• 차량 및 교통시스템(백엔드서버 등)에 대한 보안 관리 부실로 악의적인 사용자의 접근 등을 통한 개인정보 유출 및 서비스 장애 유발
사용자 부주의	• 사용자의 임의 조작이나 악성코드에 감염된 기기의 연결 등을 통해 오작동 및 장애, 차량 제어권 탈취, 개인정보 유출 등을 유발

제3절
위협 시나리오

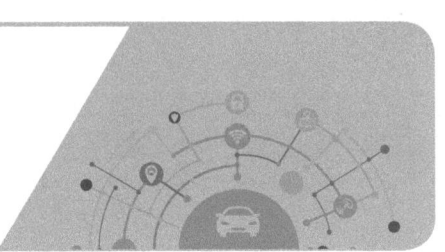

2절에서 분석한 주요 보안위협과 스마트교통 시스템의 실제 위협 사례를 바탕으로 위협 시나리오와 침해 자산 및 서비스를 도출하였다.

또한, 침해 자산 중 스마트카 구성요소의 '동력 및 섀시 제어', '차체 제어'는 본 가이드에서 분석된 보안 위협이 동일하여 이번 절부터 '기본 및 차체 제어'로 표현한다.

위협 시나리오별로 영향 받는 침해 자산 및 서비스 다음과 같다.

〈표 4〉 스마트교통 위협 시나리오별 영향 받는 구성요소 및 서비스

위협 시나리오	인포테인먼트 제어	통신 제어	진단 및 유지보수 제어	기본 및 차체 제어	V2V	V2I	V2N
물리적 위협	○	○	○	○	○	○	○
모바일 기기 조작		○	○	○			○
펌웨어 조작	○	○	○	○	○	○	○
메시지 위·변조	○	○	○	○	○	○	○
중계 공격		○		○	○	○	
DoS 공격	○	○	○	○	○	○	○
미숙한 서비스 관리	○	○	○	○		○	○
사용자 부주의	○			○			○

1. 물리적 위협

가. 위협 시나리오

〈그림 9〉 물리적 위협 시나리오

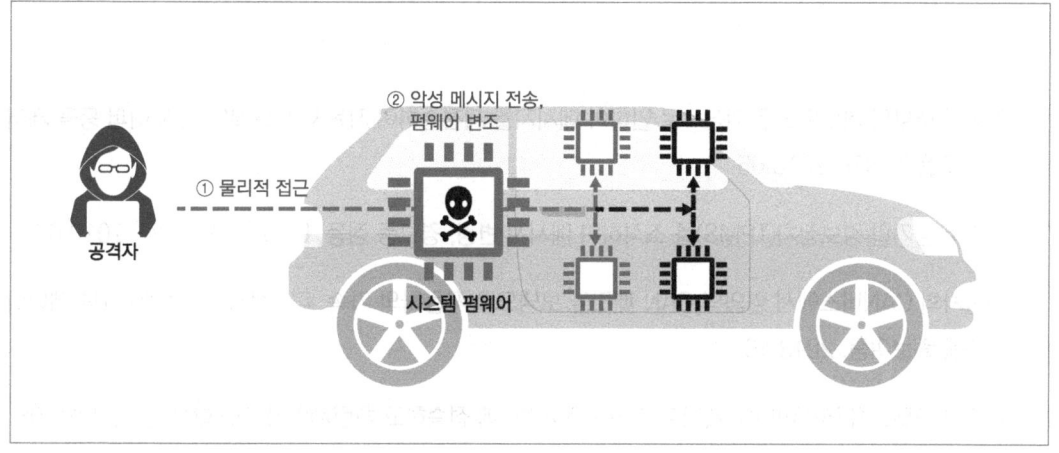

> **시나리오**
> ① 공격자는 자동차, 노변 기지국, 백엔드 서버 등의 스마트교통 시스템에 직접 접근
> ② 스마트교통 시스템의 내부 네트워크에 악성 메시지 전송 및 펌웨어 변조
> ➡ 시스템 오작동, 제어권 탈취, 소프트웨어 변조, 개인정보 유출, 서비스 장애 등의 위협 발생

공격자는 차량이나 노변 기지국 등의 교통 구성요소 및 인프라에 물리적으로 접근을 통해 내부 네트워크, 펌웨어, 개인정보 등에 접근 할 수 있다. 차량의 경우 주로 OBD-Ⅱ 포트를 통해 CAN에 접근하여 펌웨어 변조, CAN 패킷 전송 등의 악성행위가 가능하다. 또한 차량 내 전장기기의 디버그 모드와 포트(JTAG, UART 등)나 USB, 블루투스, Wi-Fi와 같은 통신, 인포테인먼트 WEB 브라우저 등의 취약점 등을 통해서도 위와 같은 악성 행위가 가능하다. V2V, V2I를 위한 차량 OBU와 노변 기지국과 같은 디바이스에 접근이 가능할 경우에도 장비 조작을 통한 데이터 유출 및 변조된 메시지 전송으로 정상적인 서비스를 방해 할 수 있다.

이외에 직접 접근이 아닌 근접하여 전자기파 측정, 신호 분석 등의 부채널 분석을 통해 차량의 각종 센서 데이터를 변조하여 ADAS, TPMS 센서를 무력화 시키거나 오작동을 유발 시킬 수도 있다.

나. 침해 자산 및 서비스

인포테인먼트 제어	통신 제어	진단 및 유지 보수 제어	기본 및 차체 제어	V2V	V2I	V2N
O	O	O	O	O	O	O

다. 사례

- 자동차 내부의 네트워크 문제점으로 인하여 메시지를 재전송하여 자동차의 브레이크, 와이퍼 등을 제어할 수 있음을 발표, 2010.05.

- 타이어 공기압 경보장치(TPMS)를 조작하여 메시지 변경, 경고등 점등, ECU 다운을 발표, 2010.08.

- 자동차의 CAN버스에서 임의의 CAN 패킷을 보냄으로 자동차의 가속, 디스플레이, 브레이크를 제어할 수 있음을 보여줌, 2013.10.

- 테슬라 모델S 차량에 이더넷 케이블로 인포테인먼트에 접속하고 차량제어가 가능함을 공개, 2015.08.

- 쉐보레 콜벳 OBD-II에 보험사의 동글(메트로마일 펄스)를 장착하여 웹, SMS, telnet을 통한 원격 제어가 가능함을 보임, 2015.12.

- OBD-II 커넥터를 이용한 CAN네트워크에 CAN 메시지를 보내서 공격자가 액셀레이터, 브레이크의 기능을 임의로 조작 가능함을 시연, 2016.06.

- 차량의 카메라, 초음파, MMW 센서를 재밍, 스푸핑하여 비정상적인 동작이 가능함을 시연, 2016.08.

- 보쉬의 차량 진단용 OBD-II 동글의 취약점을 이용하여 블루투스 범위내에서 차량의 엔진을 멈출 수 있는 취약점 발견, 2017.04.

- 미국 NCCIC/ ICS-CERT에서 자동차 CAN 버스 표준 취약점 경고하고 차량제조사에게 OBD-II 포트에 엑세스를 제안하는 등 보안강화 권고, 2017.08.

2. 모바일 기기 조작

가. 위협 시나리오

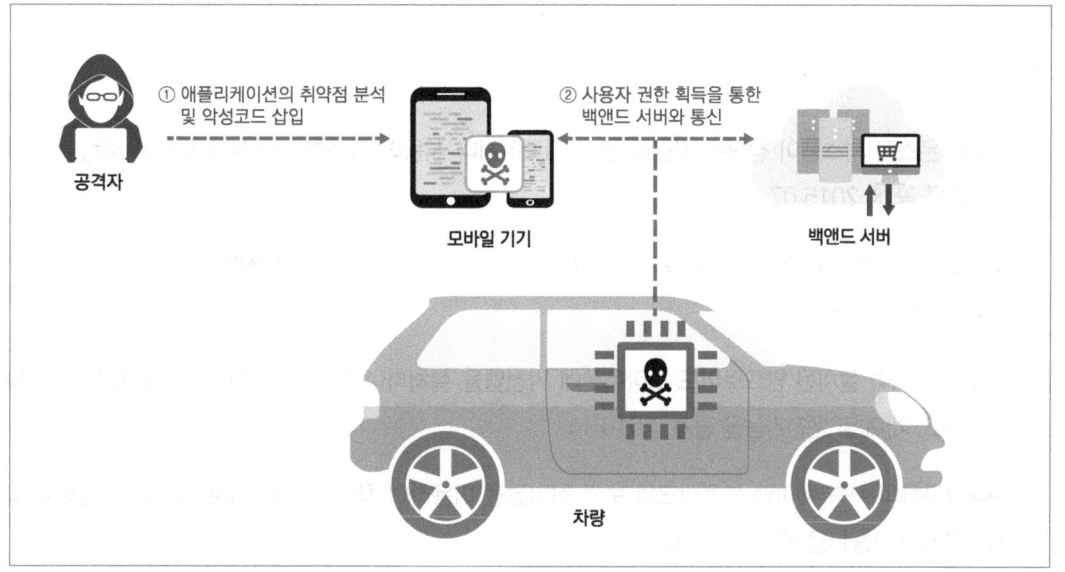

〈그림 10〉 모바일 기기 조작 시나리오

시나리오
① 모바일 기기의 차량 관련 애플리케이션의 취약점 분석 및 악성코드 삽입
② 애플리케이션 변조를 통해 사용자 권한을 획득하여 백엔드 서버와 통신
➡ 시스템 오작동, 제어권 탈취, 개인정보 유출, 서비스 장애 등의 위협 발생

차량 제조사 및 3rd party 제품의 제조사는 차량 사용자에게 모바일 기기를 이용하여 차량의 상태를 확인하거나 일부 기능을 제어할 수 있는 모바일 애플리케이션과 웹페이지를 제공한다. 공격자는 사용자의 기기에 악성코드 설치 유도를 통한 앱 데이터, 통신 데이터를 탈취가 가능할 경우 사용자와 동일한 권한으로 차량을 제어할 수 있게 된다. 또한 모바일 앱 자체의 취약점이나 백엔드 서버와의 통신 구간 취약점을 악용하여 변조된 패킷을 전송을 통한 제어권 획득도 가능하다. 이를 통해 공격자는 사용자와 동일하게 차량의 제어가 가능해지며, 추가적으로 사용자의 위치 경로와 같은 개인정보 등의 탈취가 가능하다.

나. 침해 자산 및 서비스

인포테인먼트 제어	통신 제어	진단 및 유지 보수 제어	기본 및 차체 제어	V2V	V2I	V2N
	○	○	○			○

다. 사례

- GM의 온스타 시스템이 장착된 차량을 문을 개폐하거나 시동이 가능한 취약점을 찾았고 해킹을 위한 단말기를 공개, 2015.07.

- 차량 인포테인먼트와 스마트폰의 동기화 플랫폼인 미러링크의 취약점과 임의적인 CAN 패킷을 보낼 수 있음을 시연, 2016.06.

- 테슬라의 앱이 설치된 안드로이드 스마트폰에 악성앱을 설치하여 이를 통해 앱데이터를 탈취, 차량을 추적하고, 개폐 및 운전가능을 공개, 2016.11.

- 현대자동차의 차량 제어앱 블루링크의 보안 취약점을 이용하여 차량의 민감 정보 탈취와 잠금해제 및 시동걸기가 가능함을 공개, 2017.04.

3. 펌웨어 조작

가. 위협 시나리오

〈그림 11〉 펌웨어 조작 시나리오

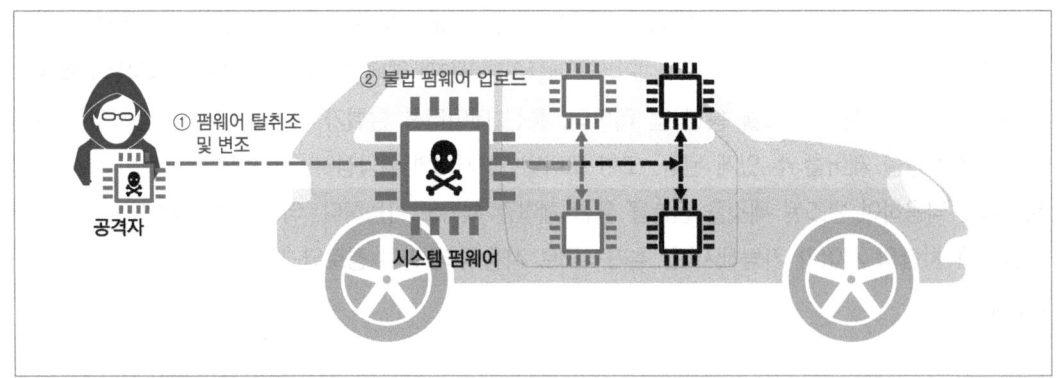

> **시나리오**
>
> ① 공격자는 차량의 펌웨어 구조와 프로토콜을 분석하여 펌웨어 변조
> ② 변조된 펌웨어를 업로드하여 조작된 메시지 전송 및 제어권 탈취
>
> ➡ 시스템 오작동, 제어권 탈취, 개인정보 유출, 서비스 장애 등의 위협 발생

차량의 전자제어장비 펌웨어는 OTA, USB, OBD-Ⅱ 포트 등을 통해 추출하거나 제조사의 서비스 홈페이지를 통해 획득 할 수 있다. 공격자가 펌웨어의 동작 구조와 업데이트 방식, 백엔드 서버와의 통신 프로토콜 등을 분석하여 취약점을 발견할 경우, 이를 통해 차량 통신 메시지 해독 및 차량에 변조된 펌웨어 업로드하여 제어권 탈취, 개인정보 유출, 오작동 유발 등이 가능해진다. OBD-Ⅱ 포트 등에 연결된 3rd party 제품의 펌웨어에 취약점이 있을 경우, 공격자는 이를 악용하여 차량 네트워크(CAN)에 악의적인 메시지를 전송하거나 디바이스가 수집하여 백엔드 서버로 전송하는 데이터의 유출도 가능하다. 이와 같은 차량 내 전자 장비의 펌웨어 이외에도 V2V, V2I를 위한 장비의 펌웨어 습득 및 변조가 가능할 경우에는 통신 데이터를 변조, 잘못된 서비스 제공 등의 악성행위도 가능하다.

나. 침해 자산 및 서비스

인포테인먼트 제어	통신 제어	진단 및 유지 보수 제어	기본 및 차체 제어	V2V	V2I	V2N
○	○	○	○	○	○	○

다. 사례

- 크라이슬러 유커넥트 취약점을 이용 변조된 펌웨어를 업로드하여 원격으로 차량 제어를 시연하여 140만대 리콜, 2015.07.

- 쉐보레 콜벳 OBD-Ⅱ에 보험사의 동글(메트로마일 펄스)를 장착하여 웹, SMS, telnet을 통한 원격 제어가 가능함을 보임, 2015.12.

- 테슬라 S 원격 해킹하여 선루프, 중앙 디스플레이, 잠금장치, 브레이크를 조정할 수 있는 원격 공격이 가능한 여러 취약점 발견, 2016.09.

- 테슬라 모델 X 차량을 원격에서 문을 개폐하고 차량제어가 가능한 취약점과 펌웨어 무결성 검사를 위한 코드서명을 우회 가능함을 발견, 2017.07.

4. 메시지 위·변조

가. 위협 시나리오

〈그림 12〉 메시지 위변조 위협 시나리오

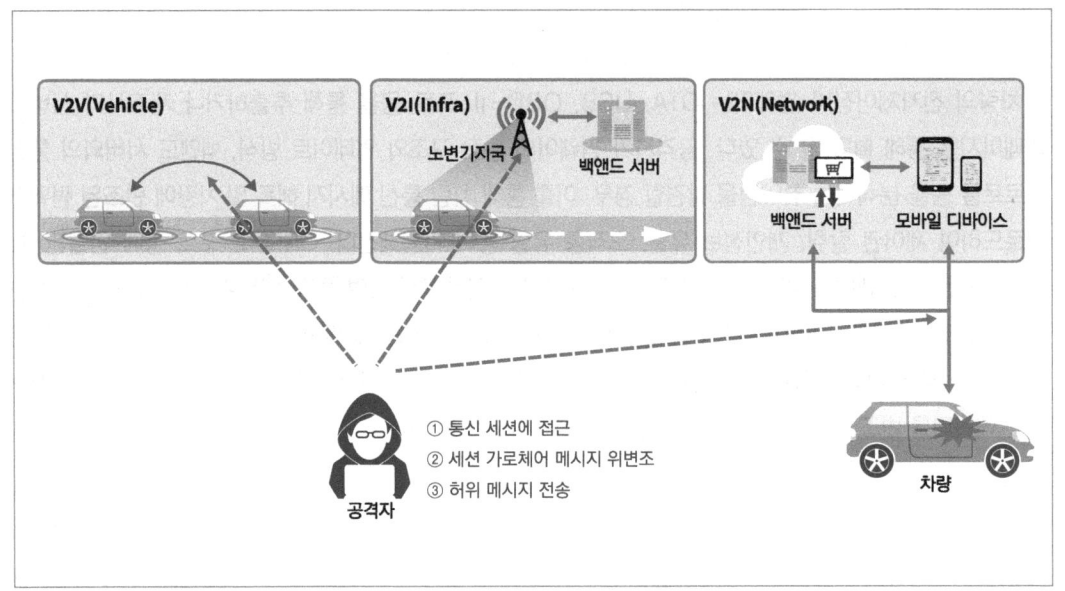

> **시나리오**
> ① 공격자는 차량 내부 통신 및 V2X 통신의 세션에 접근
> ② 세션을 가로채어 송·수신 메시지를 분석하고 위·변조
> ③ 위·변조된 메시지를 차량, 노변 기지국, 백엔드 서버 등의 스마트교통 시스템에 전송
> ➡ 시스템 오작동, 허위 정보 제공, 서비스 장애 등의 위협 발생

차량 내부 네트워크에 통신 메시지나 3rd party 제품의 통신을 탐지 및 분석하여 악의적으로 변조된 메시지 전송이 가능할 경우, 차량의 오작동과 제어권 탈취 등의 공격의 기초가 된다. 또한 차량과 차량, 차량과 인프라 및 백엔드 서버의 통신과 같은 V2X 메시지 분석은 인증정보 및 개인정보의 탈취, 차량의 원격 제어 서비스 권한 획득, 메시지 송·수신 부인, 허위 데이터 전송 등의 위협이 발생할 수 있다. V2X 메시지의 위·변조는 차량의 주행 정보, 과금 데이터 등의 추적 및 우회 및 긴급차량 사칭이 가능하여 교통 혼잡 및 사고를 유발하는 원인이 될 수 있다.

나. 침해 자산 및 서비스

인포테인먼트 제어	통신 제어	진단 및 유지 보수 제어	기본 및 차체 제어	V2V	V2I	V2N
○	○	○	○	○	○	○

다. 사례

- 타이어 공기압 경보장치(TPMS)를 조작하여 메시지 변경, 경고등 점등, ECU 다운을 발표, 2010.08.

- 자동차의 CAN버스에서 임의의 CAN 패킷을 보냄으로 자동차의 가속, 디스플레이, 브레이크를 제어할 수 있음을 보여줌, 2013.10.

- 미국 주요 도시의 교통 신호 시스템에서 교통신호 정보 송수신시 암호화 및 인증 메커니즘을 적용하지 않은 취약점이 발견됨, 2014.04.

- 독일운전자협회(ADAC)는 BMW 커넥티드 드라이브 취약점 확인하였고, SMS를 전송하여 차문을 개폐시킴, 220만대 차량에 패치를 실시함, 2015.02.

- 크라이슬러 유커넥트 취약점을 이용 변조된 펌웨어를 업로드하여 원격으로 차량 제어를 시연하여 140만대 리콜, 2015.07.

- GM의 온스타 시스템이 장착된 차량을 문을 개폐하거나 시동이 가능한 취약점을 찾았고 해킹을 위한 단말기를 공개, 2015.07.

- 쉐보레 콜벳 OBD-II에 보험사의 동글(메트로마일 펄스)를 장착하여 웹, SMS, telnet을 통한 원격 제어가 가능함을 보임, 2015.12.

5. 중계 공격

가. 위협 시나리오

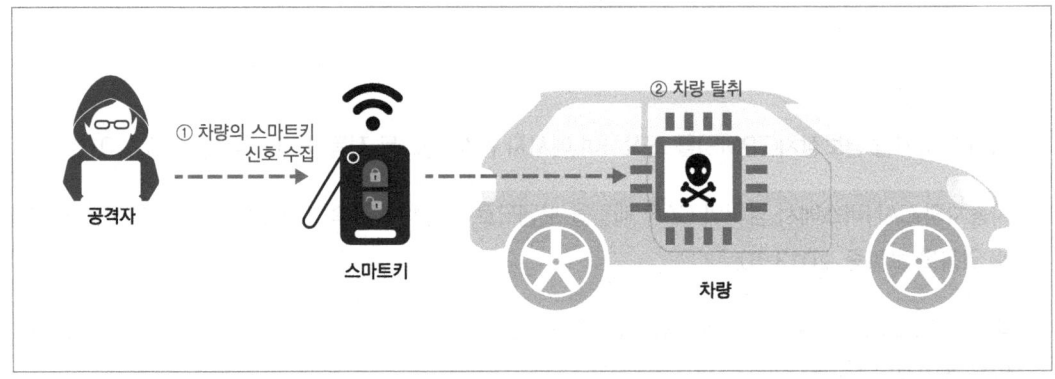

〈그림 13〉 중계 공격 시나리오

> **시나리오**
> ① 공격자는 공격대상 차량의 스마트키 신호를 수집 및 복제
> ② 복제된 스마트키의 무선 통신 신호를 통해 차량 탈취
> ➡ 차량 탈취, 제어권 탈취, 서비스 장애 등의 위험 발생

스마트키는 근거리에서 차량의 문을 개폐하거나 공조장치, 원격 시동 등을 하는 용도로 무선 통신이 사용된다. 사용자가 스마트키를 사용할 때, 공격자가 무선 통신 신호를 탐지 및 복제하여 재전송이 가능하여, 차량의 탈취가 가능해진다. 또한 스마트키에 직접적인 접근이 가능할 경우 스마트키에 장착되어 있는 이모빌라이저 신호 또한 복제하여 도난방지 장비를 우회하여 차량 탈취도 가능하다. 차량이외에도 V2X를 위한 통신 신호(WAVE)의 재전송이 가능할 경우, 다른 차량을 사칭하여 교통 시스템에 혼잡을 가져올 수도 있다.

나. 침해 자산 및 서비스

인포테인먼트 제어	통신 제어	진단 및 유지 보수 제어	기본 및 차체 제어	V2V	V2I	V2N
	○		○	○	○	

다. 사례

- 스마트키 시스템 신호가 한방향으로 중계되는 점을 이용하여 재전송 공격을 수행하고 이 결과 자동차의 문을 열수 있음을 발표, 2011.02.

- 독일운전자협회는 스마트키 신호증폭공격을 통한 차량 절도와 관련하여 차량별 테스트결과 24개의 차량이 취약하다고 공개, 2016.03.

- 중국의 해커그룹이 20달러(2만3천원) 장비로 스마트키 신호를 증폭하여 차량 문을 개폐하고 시동을 걸어 탈취 가능함을 시연, 2017.04.

6. DoS 공격

가. 위협 시나리오

〈그림 14〉 DoS 공격 시나리오

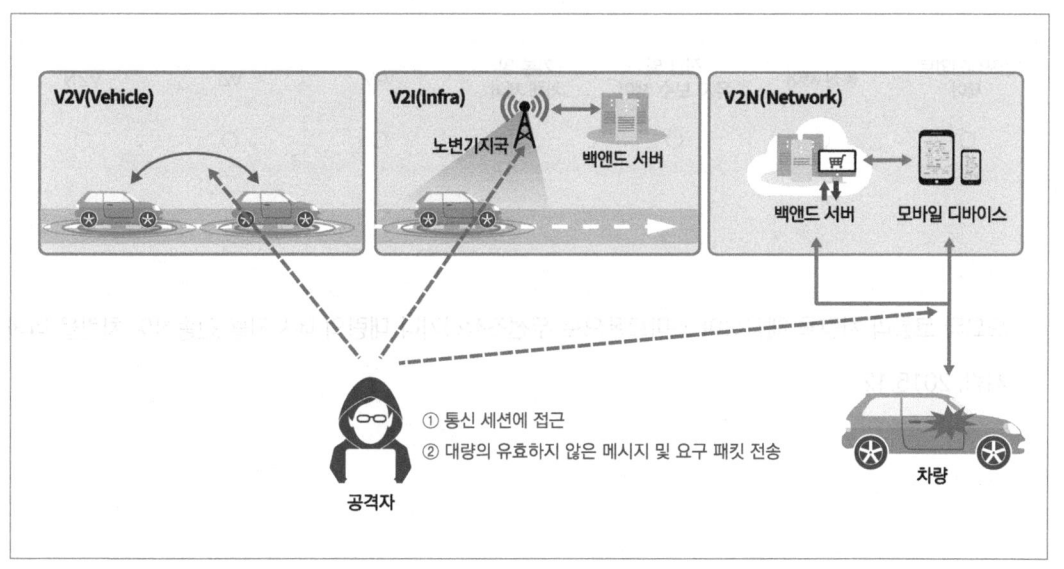

> **시나리오**
>
> ① 공격자는 차량 내부 통신 및 V2X 통신 세션에 접근
> ② 공격자는 차량 내부 통신 및 V2X 통신에 대량의 유효하지 않은 메시지 전송 및 서비스 요구 패킷을 전송
>   ➡ 시스템 과부화, 데이터 손실, 서비스 장애 등의 위협 발생

　공격자는 차량 기본 및 차체 제어의 내부 네트워크에 통신 신호를 간섭시키거나 허위 데이터를 발생시켜, 오작동 및 기능 장애를 유발할 수도 있다. 차량 인포테인먼트의 GPS와 DMB, V2V와 V2I WAVE 통신 채널에 신호간섭과 같은 신호 재밍이 발생 할 경우, 차량의 위치정보 확인, 교통정보 제공 서비스에 장애가 발생할 수도 있다. 또한 다수의 단말로 위장한 허위 데이터 등이 유입될 경우 잘못된 교통정보 수집으로 교통 혼잡이 야기될 수 있다. 이외에도 V2N 통신에 신호재밍, 간섭 등의 발생 시에는 사용자 편의 및 안전을 위한 다양한 기능들의 장애가 발생할 수 있다.

나. 침해 자산 및 서비스

인포테인먼트 제어	통신 제어	진단 및 유지 보수 제어	기본 및 차체 제어	V2V	V2I	V2N
○	○	○	○	○	○	○

다. 사례

- 도요타 코롤라 차량을 해킹하여 스마트폰으로 무선조작하거나 대량의 메시지를 전송하여 차량을 마비시킴, 2015.12.

7. 미숙한 서비스 관리

가. 위협 시나리오

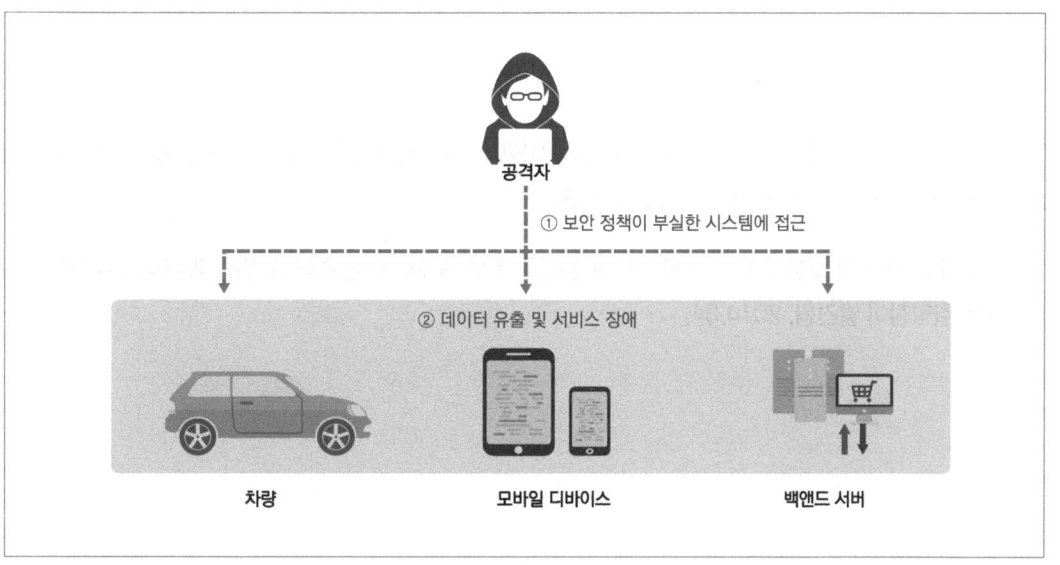

〈그림 15〉 미숙한 서비스 관리 시나리오

시나리오
① 공격자 및 미숙한 관리자가 보안 정책이 부실한 시스템에 접근
② 서비스 관련 데이터 유출 및 서비스 장애 발생
➡ 개인정보 유출, 서비스 장애 등의 위협 발생

　차량이나 교통 서비스의 유지보수를 위해 차량 구성요소 및 백엔드 서버 등에 접근 가능한 직원이 악의적인 의도를 갖고 있거나 서비스 장비 숙련도가 낮은 경우에는 불완전하거나, 불법적인 서비스가 제공될 수 있다. 차량과 교통 서비스에 기능 장애가 발생하거나, 펌웨어와 인증정보 등 차량 서비스를 위한 주요 정보가 유출될 수도 있으며, 클라우드에 있는 백엔드 서버의 보안관리 정책 부실로 인해 침해사고가 발생할 수도 있다. 해킹과 같은 침해사고 발생시에는 개인정보 유출, 변조된 펌웨어 유포와 추가 악용 가능한 행위가 이루어 질 수 있으며, 이로 인해 스마트교통 시스템 전반에 장애가 발생할 수 있다. 이와 같이 직원의 조작에 의한 경우 이외에도 IT 서비스의 노후화, 관리에 필요한 전문 직원 부재 등의 부실한 백엔드 서버 관리 시에 데이터 유실, 서비스 장애 등의 사고 발생도 가능하다.

나. 침해 자산 및 서비스

인포테인먼트 제어	통신 제어	진단 및 유지 보수 제어	기본 및 차체 제어	V2V	V2I	V2N
○	○	○	○		○	○

다. 사례

- 미국 텍사스 오스틴에서 차량 대리점의 전직 직원이 웹을 통해 차량 100대의 도난방지 장치를 가동시켜 엔진 정지 및 경적을 가동시킴, 2010.03.

- 미국 주요 도시의 교통 신호 시스템에서 교통신호 정보 송수신시 암호화 및 인증 메커니즘을 적용하지 않은 취약점이 발견됨, 2014.04.

8. 사용자 부주의

가. 위협 시나리오

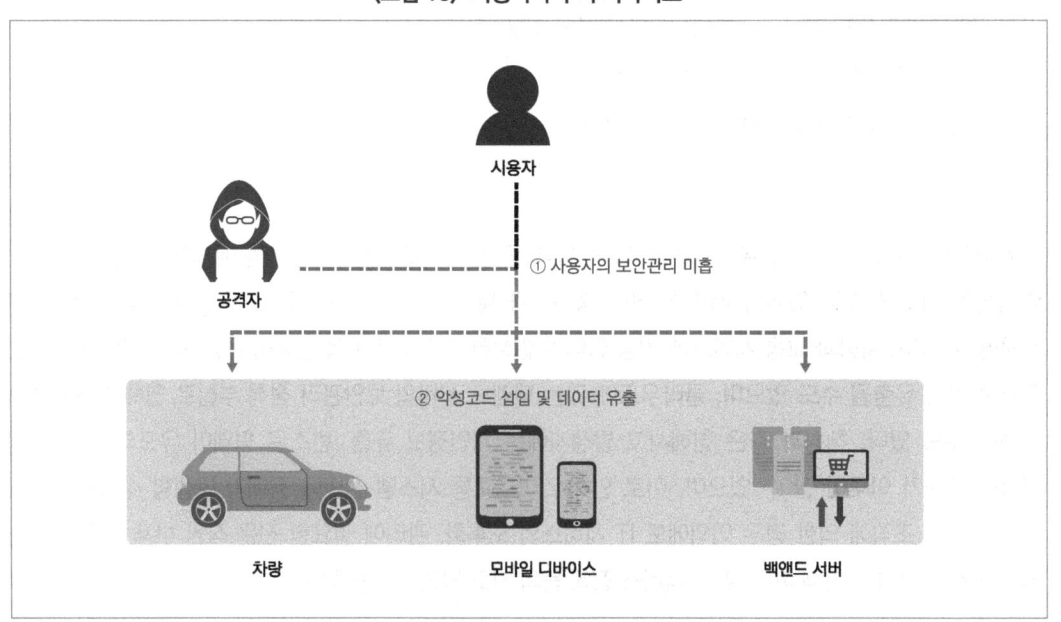

〈그림 16〉 사용자 부주의 시나리오

> **시나리오**
>
> ① 사용자가 펌웨어 임의조작, 악성코드 감염 모바일 기기 연결, 개인정보관리 부실 등 보안관리 미흡
> ② 공격자가 악성코드 삽입 및 데이터 유출
>
> ➡ 시스템 오작동, 제어권 탈취, 개인정보 수집 및 유출 등의 위협 발생

사용자가 차량의 성능 개선과 편의 등을 위해 펌웨어 데이터를 임의로 변경하거나 보안이 개선된 펌웨어 업데이트를 미실시 하였을 경우, 공격자가 이를 악용하여 차량의 보안 취약점을 통한 공격을 수행할 수 있다.

또한 차량과 연결된 사용자의 모바일 기기가 악성코드에 감염되었을 경우, 인포테인먼트 OS가 악성코드에 감염되거나, 다른 모바일 기기로의 유포가 가능해 진다. 차량이 악성코드(랜섬웨어 등)에 감염될 경우에는 차량의 주요 기능이 조작이 불가능해질 수도 있다. 이외에도 사용자가 차량을 이전하거나, 카쉐어링 서비스 이용 시에 사용자의 모바일기기와 차량간의 동기화된 데이터(주소록, SMS 등) 및 결제정보, 위치정보와 같은 개인정보에 대한 삭제 등의 적절한 조치가 이루어지지 않았을 경우, 개인정보 유출 및 악용의 사례가 발생 할 수도 있다.

나. 침해 자산 및 서비스

인포테인먼트 제어	통신 제어	진단 및 유지 보수 제어	기본 및 차체 제어	V2V	V2I	V2N
○			○			○

다. 사례

- 테슬라 차량 소유주의 스마트폰에 악성앱을 설치하여, 이를 통해 차량의 위치를 추적하고 차량을 탈취할 수 있음을 공개, 2016.11.
- 중국 쓰촨성, 산시성 등 여러 도시의 교통관리 전산망이 랜섬웨어(워너크라이)에 감염되어 교통신호 체계 마비, 2017.05.

제1장 개요 | 제2장 스마트교통 서비스 모델 및 보안위협 | **제3장 스마트교통 보안 대응방안** | 부록

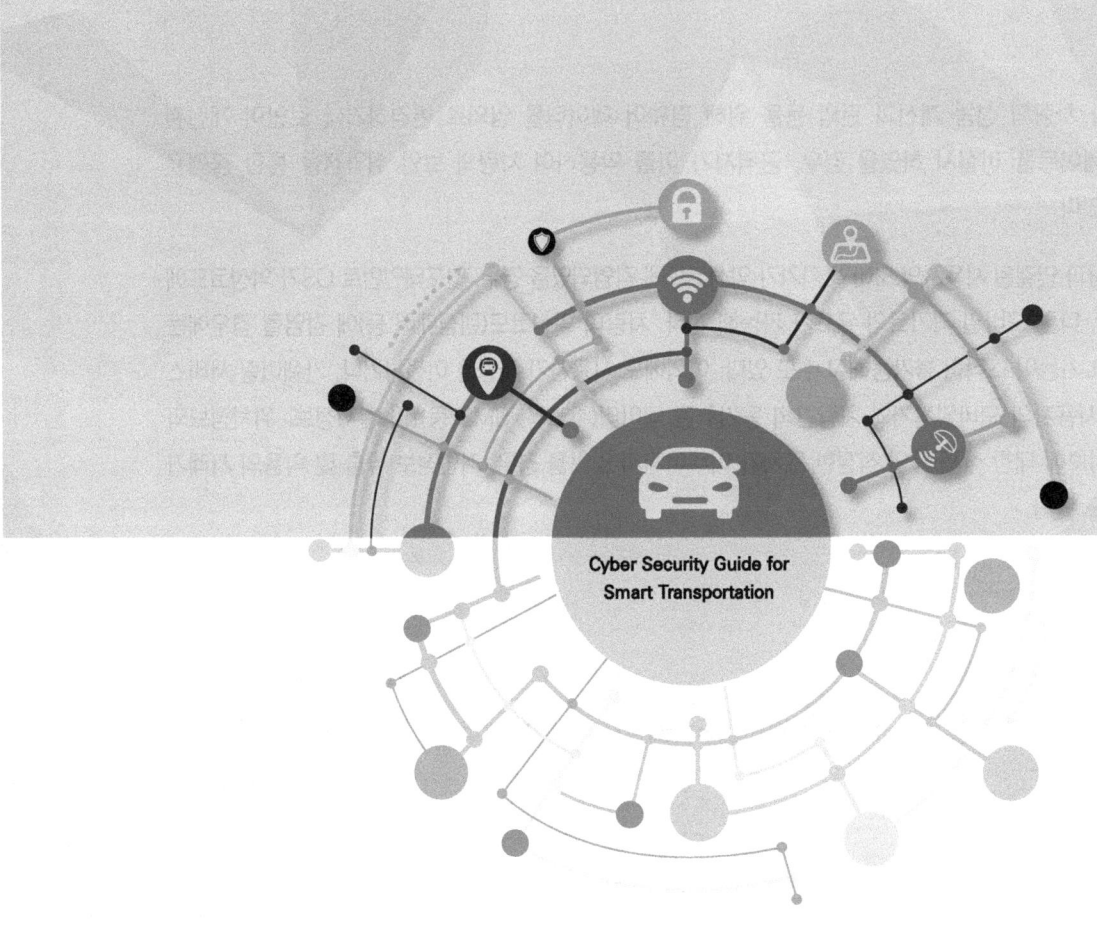

Cyber Security Guide for
Smart Transportation

스마트교통 사이버보안 가이드

제3장

스마트교통 보안 대응방안

제1절 **위협 시나리오별 대응방안**
제2절 **보안항목 및 대응방안**

제1절
위협 시나리오별 대응방안

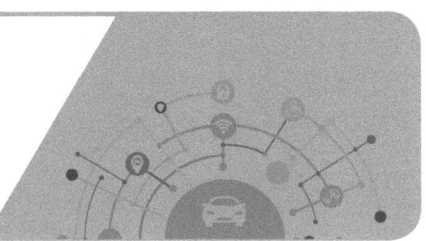

스마트교통에서 발생 가능한 위협 시나리오에 따라 본 절에서는 스마트교통에 적용해야하는 보안 요구사항 및 보안항목을 아래와 같이 제시한다.

〈표 5〉 스마트교통 보안 요구사항 및 보안 항목

위협 시나리오	보안 요구사항	보안항목
물리적 위협	• 입출력 포트 비활성화 • 데이터 보호 • 인증 및 접근통제	• 물리적 보안 • 기밀성 • 인증
모바일 기기 조작	• 소프트웨어 검증 • 데이터 보호 • 애플리케이션 조작 방지 • 인증 및 접근통제	• 소프트웨어 보안 • 기밀성 • 무결성 • 인증
펌웨어 조작	• 데이터 보호 • 애플리케이션 조작 방지 • 인증 및 접근통제 • 안전한 펌웨어 업데이트	• 기밀성 • 무결성 • 인증
메시지 위·변조	• 데이터 보호 • 메시지 위·변조 및 손상 방지 • 인증 및 접근통제	• 기밀성 • 무결성 • 인증
중계 공격	• 인증 및 접근통제 • 재전송 공격방지	• 가용성 • 인증
DoS 공격	• DoS 공격 방지 • 인증 및 접근통제	• 가용성 • 인증
미숙한 서비스 관리	• 인증 및 접근통제 • 개인정보보호	• 인증 • 개인정보보호
사용자 부주의	• 애플리케이션 조작 방지 • 인증 및 접근통제 • 안전한 업데이트 수행 • 개인정보보호	• 무결성 • 인증 • 개인정보보호

제2절
보안항목 및 대응방안

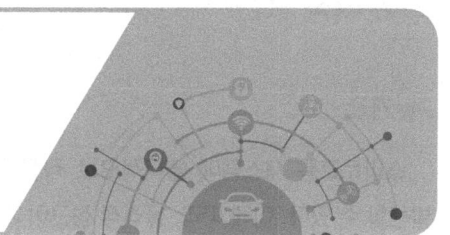

스마트교통의 보안항목에 대한 대응방안을 아래와 같이 제시하고 이에 대한 세부 내용은 안내하고자 한다.

〈표 6〉 스마트교통 보안 항목 및 대응방안

보안항목	대응방안
물리적 보안	· 외부 입출력 포트 비활성화 · 내부 입출력 포트 비활성화 · 외부 조작 확인 및 분해 방지 메커니즘 · OBD-Ⅱ 포트 접근시 인증 메커니즘 추가
소프트웨어 보안	· 시큐어 코딩 · 불필요한 서비스 비활성화 · 배포 전 소프트웨어 검증 · 펌웨어 관리
기밀성	· 데이터 암호화 · 보안 플랫폼 사용
무결성	· 애플리케이션 조작 방지 · OTA 신뢰성 확보 · 메시지 위변조 및 손상 방지
가용성	· DoS 공격 방지 · 신호재밍 공격 방지 · 거리 제한 프로토콜
인증	· 사용자 인증 · 접근통제 · 안전한 업데이트 수행 · 메시지 인증 및 부인방지
개인정보보호	· 개인정보 처리방안 · 개인정보 기술적·관리적 조치 방안

1. 물리적 보안

가. 개요

스마트교통 시스템에 물리적으로 직접 접근하여 불법 펌웨어 업데이트 및 데이터 유출 등의 위협이 발생할 수 있다. 이에 따라, 물리적 접근이 가능한 입출력 포트를 차단하여 불법적인 접근 차단해야 한다.

나. 보안대책

스마트교통 시스템 및 서비스에 따라 다음 보안대책을 선별하여 적용할 수 있다.

① 외부 입출력 포트 비활성화
   - USB 등 외부에 노출된 포트를 통해 펌웨어 및 주요 데이터에 접근하지 못하도록 하고, 필요한 경우 비인가된 접속을 방지하기 위한 인증 절차 기능을 구현해야함

② 내부 입출력 포트 비활성화
   - (UART) 제품 소스 코드에서 비활성화 설정해야함
   - (JTAG) IC업체에서 제공하는 메모리 관련 보호 도구로 비활성화로 설정해야함
   - (UART, JTAG) 비식별을 위한 포트 식별 난독화 적용하고 비인가된 접속을 방지하기 위한 인증 기능을 구현해야함
     ※ 포트 식별 난독화 시 고려 사항
       • 주요 부품간 통신라인의 내층 설계
       • JTAG, UART 등 입출력 포트의 실크인쇄 삭제로 포트 비식별
   - 주요 IC의 레이저 마킹 삭제로 IC의 데이터 시트 수집을 어렵게함

③ 외부 조작 확인 및 분해 방지 메커니즘
   - 조작 방지 솔루션을 도입하여 비인가 조작을 탐지하고, 비인가 조작 탐지 시 주요 키 및 민감 데이터 초기화를 수행해야함
     ※ 초기화가 어려울 경우, 제품 비활성화
   - 특수 제작된 스크류 및 제품 몰딩을 통해 분해 방지 메커니즘을 구현하거나, 외관 분해 확인을 위한 파괴 테이프 등을 이용하여 분해 시도를 확인해야함

④ OBD-Ⅱ 포트 악용 방지 메커니즘 추가
  - 진단 및 유지보수를 위해 OBD-Ⅱ 포트를 통해 차량에 접속할 경우, 펌웨어 변조 및 악의적 메시지 전송 등의 방지를 위한 인증 메커니즘 및 네트워크 세분화를 통한 주요 시스템 보호 등의 방지 대책을 구현해야함

다. 적용 범위

적용되는 보안 권고사항	인포테인먼트	통신	진단유지보수	기본·차체	V2V	V2I	V2N
① 외부 입출력 포트 비활성화	○	○		○	○	○	○
② 내부 입출력 포트 비활성화	○	○		○	○	○	○
③ 외부 조작 확인 및 분해 방지 메커니즘	○	○		○	○	○	○
④ OBD-Ⅱ 포트 악용 방지 메커니즘 추가			○				

2. 소프트웨어 보안

가. 개요

스마트교통 시스템은 다양한 소프트웨어를 통해 차량과 사용자에게 서비스를 제공하고 있다. 보안을 고려하여 소프트웨어 설계 관리하고 배포 후, 체계적인 사후관리를 진행하여 소프트웨어를 안전하게 구현해야 한다.

나. 보안대책

스마트교통 시스템 및 서비스에 따라 다음 보안대책을 선별하여 적용할 수 있다.

① 시큐어 코딩
  - 차량 내 펌웨어 및 소프트웨어 개발 시 보안 취약점을 최소화하기 위해 SW개발 생명주기(SDLC)의 단계별 보안을 고려하여 안전하게 구현해야함

<표 7> 소프트웨어 개발 단계별 보안 고려사항

요구사항 분석	설계	구현	테스트	유지보수
• 요구사항 중 보안항목 식별 • 요구사항 명세서	• 위협원 도출을 위한 위협모델링 • 보안설계 검토 및 보안설계서 작성 • 보안통제 수립	• 표준 코딩 정의서 및 SW개발 보안가이드를 준수해 개발 • 소스코드 보안약점 진단 및 개선	• 모의침투 테스트 또는 동적분석을 통한 보안 취약점 진단 및 개선	• 지속적인 개선 • 보안 패치

출처 : 소프트웨어 개발보안 가이드, 한국인터넷진흥원, 2017

※ CERT C, MISRA C 등의 시큐어 코딩 가이드 참고

- 버퍼오버플로우 공격을 막을 수 있도록 입력 길이의 유효성 검사를 실시해야하며 취약한 API를 사용하지 않아야함
- 소프트웨어 구현 및 보안에 관한 표준을 참조하여 안전하게 구현해야함

<표 8> 시큐어 코딩 참고 표준

표준	내용
ISO 12207	소프트웨어 라이프 사이클 프로세스
ISO 27001	정보보안 관리
ISO 27002	정보보안 기술
ISO 29119	소프트웨어 테스팅 표준

출처 : J3061(Cybersecurity Guidebook for Cyber Physical Vehicle Systems), SAE, 2016

※ 시큐어 코딩에 관한 세부적 사항은 '소프트웨어 개발보안 가이드' 등을 참고한다.

② 불필요한 서비스 비활성화
- 소프트웨어 기능이 복잡할수록 버그가 발생할 가능성이 높으므로, 불필요한 서비스는 비활성화 설정해야함
- 소프트웨어 버그가 존재할 경우, 보안 패치 적용 전에 외부 접속 포트 등의 서비스 비활성화를 기본 값으로 설정해야함
  ※ 외부 접속 포트 사용이 필요한 경우 비밀번호 적용 등의 인증 절차를 수행

③ 배포 전 소프트웨어 검증
- 소스 코드의 보안 취약점을 포함하고 있지 않은지 분석 및 검증하여 배포 전 소프트웨어에 대한 개선을 수행

〈표 9〉 보안테스트 도구의 예

툴	설명
Static Code Analyzer	• 프로그램을 실행하지 않고, 소스 코드 자체에서 코딩 에러를 분석하는 툴 ex) Polyspace, C/C++test, Insure++, IDA Pro, STACK
Dynamic Code Analyzer	• 런타임에러, 목표 프로그램을 실행해서 분석하는 툴 ex) Veracode, Insure++, IDA Pro
Fuzzer	• 특정 시스템이나 어플리케이션에서 잘못된 예외 처리를 하는지, 혹은 입력 필터링을 하는지, 그리고 그로 인해 프로그램 크래쉬가 나는지 혹은 예상치 못한 상태로 가는지를 확인하기 위해 유효하지 않거나, 예기치 않거나, 랜덤한 데이터를 생성하는 툴 ※ 주로 모의 침투 테스트 시 사용 ex) CANbuster, Codenomicon Defensics
Hardware Debugger	• 프로그램 코드, 데이터를 추출하거나 메모리 내용을 수정하는데 사용하는 툴 ex) JTAGulator, OpenoCD
Known Answer Tester	• 암호 알고리즘과 같은 알고리즘의 구현이 제대로 구현되었는지 판단하는 툴 ※ Known Answer Tester는 보통 NIST에서 승인된 암호를 테스트할 때 사용 가능
Application Tester	• 차량에 존재하는 모바일 어플리케이션이나 웹 어플리케이션을 테스트하는 툴 ex) Burp Suite, Nikto
Vulnerability Scanner	• 네트워크나 소프트웨어가 일반적인 보안 구성 오류, 패치 미적용, 또는 알려진 코드 취약점을 가지고 있는지를 스캔하는 툴 ex) Codenomicon Appcheck, Blackduck, NESSUS
Exploit Tester	• 개발, 테스트, 코드 익스플로잇할 때 사용하는 툴 ex) Metasploit

출처 : J3061(Cybersecurity Guidebook for Cyber Physical Vehicle Systems), SAE, 2016

④ 펌웨어 관리

- 소프트웨어 버그가 발견될 경우, 최신 보안 패치를 신속하게 적용하여 체계적 업데이트를 진행해야함
- 펌웨어의 변조 및 무결성 보장을 위한 안전한 전자서명을 적용해야함
- 펌웨어 업데이트를 위해 서버와 통신을 할 경우, 서버 인증서의 진위를 검증하여 통신해야함
- 펌웨어 파일의 중요정보를 선별하여 암호화 및 난독화를 적용해야함
  • 소스코드(예 : asp, php 등) 및 설정(예 : *.conf, *.cfg, *.sh, *.ini 등) 값 평문 노출 방지를 위한 암호화 및 난독화를 적용해야함
  • DRM 권한 체크, 애플리케이션 실행 권한 체크 로직의 역공학 방지를 위한 시큐어 코딩, 패킹을 적용해야함

다. 적용 범위

적용되는 보안 권고사항	인포테인먼트	통신	진단유지보수	기본·차체	V2V	V2I	V2N
① 시큐어 코딩	O	O	O	O	O	O	O
② 불필요한 서비스 비활성화	O	O	O	O	O	O	O
③ 배포 전 소프트웨어 검증	O	O	O	O	O	O	O
④ 펌웨어 관리	O	O	O	O	O	O	O

3. 기밀성

가. 개요

스마트교통 시스템에서 다양한 서비스를 제공하기 위해 차량 내부에서는 CAN 메시지, 외부 서비스에는 PVD, BSM 메시지 등 다양한 메시지가 송·수신되며, 메시지에는 차량정보, 차량위치정보, 사용자 개인정보 등 다양한 데이터가 포함되어 있다. 이러한 데이터 보호를 위해 데이터 암호화 및 보안 플랫폼을 적용하여 중요 데이터 유출을 방지한다.

나. 보안대책

스마트교통 시스템 및 서비스에 따라 다음 보안대책을 선별하여 적용할 수 있다.

① 데이터 암호화
- 개인정보와 같은 민감 데이터에 대한 보안을 위해 AES, RSA 등과 같은 국제표준 암호 알고리즘을 통해 데이터 암호화를 수행해야함
  ※ 저용량 제품 및 서비스에서는 경량화 암호 알고리즘을 사용

〈표 10〉 차량 서비스 지원 암호

차량 서비스(표준관점)	지원 암호
WAVE	AES-128
	ECC-P224, ECC-P256
	SHA-224, SHA-256
AUTOSAR	AES-128, AES-256
	Twofish-128, Twofish-258, Serpent-128, Serpent-256
	RSA-2048, RSA-4096, ECC-P256, ECC-P521

출처 : 사물인터넷(IoT) 환경에서의 암호인증기술 이용 안내서, 한국인터넷진흥원, 2016

<표 11> AUTOSAR 기반 Conneted car 서비스 지원 암호

AUTOSAR 기반 서비스	지원 암호
디바이스	AES-128, AES-256, Twofish-128, Twofish-256
	RSA-2048, RSA-4096
통신/네트워크	AES-128, AES-256, Twofish-128, Twofish-256
	RSA-2048, RSA-4096
플랫폼	AES-128, AES-256, Twofish-128, Twofish-256
	RSA-2048, RSA-4096
서비스	AES-128, AES-256, Twofish-128, Twofish-256
	RSA-2048, RSA-4096

출처 : 사물인터넷(IoT) 환경에서의 암호인증기술 이용 안내서, 한국인터넷진흥원, 2016

② 보안 플랫폼 사용

- OEM 및 3rd party 제품 제조사에서 생산되는 부품에 보안 플랫폼을 적용하여 사용자 개인정보 및 중요 데이터를 보안 플랫폼에 저장

※ 보안 플랫폼 적용이 되지 않은 부품의 경우 HSM(하드웨어 보안모듈)을 추가 설치하여, ECU 내부 데이터 저장 시 암호화하여 저장

※ CAMP 등 차세대 지능형 교통 시스템 관련 단체에서는 적용되는 HSM이 FIPS 140-2 Lever 2 이상의 하드웨어 보안을 요구

다. 적용 범위

적용되는 보안 권고사항	인포테인먼트	통신	진단유지보수	기본·차체	V2V	V2I	V2N
① 데이터 암호화	○	○	○	○	○	○	○
② 보안 플랫폼 사용	○	○		○	○	○	○

4. 무결성

가. 개요

소프트웨어 업데이트 위·변조, 메시지 위·변조를 통해 차량을 조작하고 차량의 오작동을 유발할 수 있다. 이에 따라, 애플리케이션, 업데이트 파일, 메시지 등의 무결성을 검증해야 한다.

나. 보안대책

스마트교통 시스템 및 서비스에 따라 다음 보안대책을 선별하여 적용할 수 있다.

① 애플리케이션 조작 방지

- 차량용 애플리케이션은 전자서명을 통해 비정상 업데이트 및 애플리케이션 변경에 대한 방지 및 탐지를 수행해야함
- 차량용 애플리케이션에 대한 시큐어 코딩 및 보안 취약점 점검 등의 안전성 평가를 수행해야함
- 애플리케이션의 보안 업데이트가 필요할 경우 체계적인 보안 패치를 실시해야함

    ※ 본 가이드의 '안전한 업데이트 수행'을 참조

② 업데이트 파일 위·변조 방지

- 업데이트 파일 및 배포자에 대한 무결성 및 인증을 보장해야함
  - 펌웨어 파일에 대한 해시값을 통해 무결성을 보장
  - 업데이트를 진행할 경우 파일의 해시값에 전자서명을 적용하여 업데이트 파일 변조 및 무결성을 보장
  - OEM 및 3rd party 제품 제조사 등은 업데이트 파일 배포 시 HMAC, CCM, GCM, CBC 방식 등을 통해 파일의 무결성을 검증

〈표 12〉 해시 함수 예시

보안강도	NIST(미국)	CRYPTREC(일본)	ECRYPT(유럽)	국내
112비트 이상	SHA-224/256 SHA-384/512	SHA-224/256 SHA-384/512	SHA-224/256 SHA-384/512 Whirlpool	SHA-224/256 SHA-384/512
128비트 이상	SHA-256 SHA-384/512	SHA-256 SHA-384/512	SHA-256 SHA-384/512 Whirlpool	SHA-256 SHA-384/512
192비트 이상	SHA-384/512	SHA-384/512	SHA-384/512 Whirlpool	SHA-384/512
256비트 이상	SHA-512	SHA-512	SHA-512	SHA-512

출처 : 암호 알고리즘 및 키 길이 이용안내서, 한국인터넷진흥원, 2009

③ 메시지 위·변조 및 손상 방지

- 메시지 전송 시, 인증서 및 공개키를 통해 메시지 무결성 검증 및 송신자 인증을 수행해야함
- 통신 메시지 필드 중 변경이 가능한 필드에는 추가적 전자서명을 통해 무결성 검증해야함
- 안전한 통신채널을 통한 메시지 위·변조 및 손상을 방지해야함

다. 적용 범위

적용되는 보안 권고사항	인포테인먼트	통신	진단유지보수	기본·차체	V2V	V2I	V2N
① 애플리케이션 조작 방지	○	○	○	○	○	○	○
② 업데이트 파일 위·변조 방지	○	○	○	○	○	○	○
③ 메시지 위변조 및 손상 방지	○	○	○	○	○	○	○

5. 가용성

가. 개요

스마트교통 시스템의 DoS, 신호재밍 공격 등을 통해 차량과 시스템에서 시스템 과부하 및 혼란을 발생시킬 수 있다. 따라서 비정상 접근을 탐지하고 차단하여 사용자 및 차량에게 정상적인 스마트교통 서비스를 제공해야 한다.

나. 보안대책

스마트교통 시스템 및 서비스에 따라 다음 보안대책을 선별하여 적용할 수 있다.

① DoS 공격 방지
 - 차량 및 교통 서비스의 통신에 적합한 침입차단시스템(IPS)을 사용하여 DoS 공격 탐지 및 차단해야함
 - 하드웨어 기반의 ID 등의 인증을 통해 비정상적인 접근을 차단해야함

② 신호재밍 공격 방지
 - 차량 내 통신 모듈에 채널서핑 기능을 추가하여 신호재밍 공격이 발생했을 경우 채널 주파수를 이동하여 서비스 이용에 대한 피해를 최소화해야함

③ 거리 제한 프로토콜
 - 차량에 대한 통신요청 시간과 응답 시간의 차이를 이용하여 거리를 측정하고 이를 통해 재전송 공격을 방지할 수 있음

 ※ 사용자가 스마트키를 통해 차량에게 통신을 보낼 경우, 차량과 스마트키 간의 거리를 계산하고 계산된 거리가 일정 거리를 초과한다면 재전송 공격으로 간주하여 스마트키의 요구사항을 거부할 수 있음

다. 적용 범위

적용되는 보안 권고사항	인포테인먼트	통신	진단유지보수	기본·차체	V2V	V2I	V2N
① DoS 공격 방지	O	O	O	O	O	O	O
② 신호재밍 공격 방지	O	O		O	O	O	O
③ 거리 제한 프로토콜		O		O	O	O	

6. 인증

가. 개요

스마트교통 시스템에는 개인정보와 같은 민감정보가 저장되어 있기 때문에 비인가된 사용자가 접근할 경우 다양한 위협이 발생할 수 있다. 따라서 스마트교통 시스템에 접근 시 인증 및 접근통제를 통해 안전한 서비스를 제공해야 한다.

나. 보안대책

스마트교통 시스템 및 서비스에 따라 다음 보안대책을 선별하여 적용할 수 있다.

① 사용자 인증
- 관리 서비스 및 개인정보와 같은 민감 정보에 접근할 경우 사용자 인증을 수행해야함
  - ID/PW 기반의 사용자 및 관리자 인증 수행
  - 중요 데이터는 스마트폰을 통한 SMS, NFC 등과 같은 2차 인증 수행
    ※ 인증이 실패할 경우 계정 비활성화 및 관리자 확인을 통한 잠금해제 수행

② 접근통제
- 비정상적인 패킷 탐지 및 차단을 위해 방화벽 및 침입탐지시스템을 설정하고 이상행위 감지 시스템을 조합(다계층 방어)해야함
- 개인정보와 같은 민감 정보 접근에 대한 보안 등급을 정의하여 인가된 사용자 및 관리자에 대한 등급별 데이터 접근통제를 수행해야함

③ 안전한 업데이트 수행

- OTA 업데이트 수행
  - OTA 서비스 제공 시 서비스 업체의 인증서를 활용하여 서비스 업체의 백엔드 서버와 통신하여 인증된 OTA 업데이트만 수행해야함
  - 비인가된 백엔드 서버를 탐지 및 방지하기 위해 서버 주소에 대한 MAC 값 비교 및 전자서명 등을 통해 안전한 업데이트를 수행해야함
  - 업데이트 성공이나 실패여부를 사용자에게 통보하여야 하며, 실패 시 안전한 상태의 버전으로 복구 가능한 롤백 기능을 지원해야함

- 사용자의 업데이트 수행
  - 인가된 사용자 및 관리자에 의한 안전한 업데이트를 위해 ID/PW, PIN 입력, 생체인식 등을 통한 안전한 업데이트를 수행해야함
  - 보안패치 등의 중요 업데이트가 발생할 경우, 서비스 업체는 사용자들에게 즉시 공지하여 신속한 업데이트를 진행할 수 있도록 해야함
  - 업데이트 성공이나 실패여부를 사용자에게 통보하여야 하며, 실패 시 안전한 상태의 버전으로 복구 가능한 롤백 기능을 지원해야함

④ 메시지 인증 및 부인방지

- 메시지 송·수신 시 전자서명을 통해 메시지에 대한 송·수신자를 인증해야함
- 위치신호정보 조작을 통한 메시지 인증 및 부인방지를 위해 위치기반인증(GNSS에 데이터 서명) 등을 통한 메시지 인증을 수행해야함

다. 적용 범위

적용되는 보안 권고사항	인포테인먼트	통신	진단유지보수	기본·차체	V2V	V2I	V2N
① 사용자 인증	O	O	O			O	O
② 접근통제	O	O	O	O	O	O	O
③ 안전한 업데이트 수행	O	O	O	O	O	O	O
④ 메시지 인증 및 부인방지	O	O			O	O	O

7. 개인정보보호

가. 개요

스마트교통 시스템에서 수집 및 관리 가능한 개인정보에는 차량정보, 운행정보, 위치정보 등의 포함될 수 있다. 따라서 수집 및 관리하는 데이터에 대한 처리방안과 기술적·관리적 방안들을 통해 개인정보를 안전하게 관리해야한다.

스마트교통 시스템에서 수집 가능한 개인정보 예시는 다음과 같다.

〈표 13〉 개인정보 예시

수집 정보	수집 개인정보 항목
차량정보	차량번호, 차량종류, 차량단말기 ID, S/N 등
운행정보	속도, RPM, 변속, 쓰로틀(throttle), 액셀, 브레이크, 조향각, 각속도, 바퀴별 속도, 좌/우 비상등, 문열림, 타이어 압력 등
위치정보	차량위치정보 등

나. 보안대책

스마트교통 시스템 및 서비스에 따라 다음 보안대책을 선별하여 적용할 수 있다.

① 개인정보 처리방안
- 개인정보 수집 시 개인정보 항목, 처리목적, 보유기간, 미동의식 불이익 내용이 포함된 법적 고지사항을 사용자에게 구체적으로 알리고 동의를 받아야함
    ※ 세부적 사항은 개인정보보호법 제15조, 개인정보보호법 제22조, 정보통신망법 제26조의2 등을 참고한다.
- 개인정보처리방침에 수집된 개인정보의 이용 및 제3자 제공에 대한 방침을 명시하여 수집·이용 목적 범위 내에서 처리해야함
- 개인정보 보유기간 경과 및 처리목적이 완료될 경우 개인정보 처리정지, 정정, 파기 등의 절차를 진행해야함

② 개인정보 기술적·관리적 조치방안
- 개인정보를 수집 및 관리하는 백엔드 서버에서는 개인정보에 대한 접근권한의 부여, 변경하여 개인정보에 대한 접근을 통제해야함
- 개인정보를 수집·저장하는 백엔드 서버에 대한 접근을 통제하고 침입차단시스템과 침입방지시스템을

이용하여 외부의 접근을 통제해야함

※ 세부적 사항은 '시스템 개발·운영을 위한 개인정보보호 가이드라인' 등을 참고한다.

- 개인정보를 수집·저장하는 백엔드 서버에 접속하여 개인정보를 처리한 경우 수행업무 내역 및 접속이력 정보를 6개월 이상 저장하고 관리해야함

〈표 14〉 최소의 접속 이력정보 저장 예시

필수기록 항목	설명
계정	개인정보처리시스템에서 접속자를 식별할 수 있도록 부여된 ID 등 계정 정보
접속일시	접속한 시간 또는 업무를 수행한 시간(년-월-일, 시:분:초)
접속자 정보	접속한 자의 PC, 모바일기기 등 단말기 정보 또는 서버의 IP주소 등 접속 주소
수행업무	개인정보취급자가 개인정보처리시스템을 이용하여 개인정보를 처리한 내용을 알 수 있는 정보

출처 : 개인정보의 안전성 확보조치 기준 해설서, 행정자치부, 2017

※ 세부적 사항은 '개인정보의 안전성 확보조치 기준 해설서' 등을 참고한다.

- 개인정보와 관련된 정보는 암호화하여 저장 및 관리해야함
    ※ 본 가이드의 '데이터 암호화'를 참조

- 개인정보와 관련된 정보는 비식별 조치하여 안전하게 관리해야함

〈표 15〉 개인정보 비식별 조치 방법 예시

처리기법	예시	세부기술
가명처리	홍길동, 35세, 한국대 재학 → 임꺽정, 30대, 국제대 재학	휴리스틱 가명화 암호화 교환방법
총계처리	임꺽정 180cm, 홍길동 170cm → 한국학과 직원 키 합 : 350cm, 평균키 : 175cm	총계처리 부분총계 라운딩 재배열
데이터 삭제	주민등록번호 901206-1234567 → 90년대 생, 남자	식별자 삭제 식별자 부분삭제 레코드 삭제 식별요소 전부삭제
데이터 범주화	홍길동, 35세 → 홍씨, 30~40세	감추기 랜덤 라운딩 범위방법 제어 라운딩
데이터 마스킹	홍길동, 35세, 한국대 재학 → 홍○○, 35세, ○○대학 재학	임의 잡음 추가 공백과 대체

출처 : 개인정보 비식별 조치 가이드라인, 관계부처합동, 2016

다. 적용 범위

적용되는 보안 권고사항	인포테인먼트	통신	진단유지보수	기본·차체	V2V	V2I	V2N
① 개인정보 처리방안	○	○			○	○	○
② 개인정보 기술적·관리적 조치방안	○	○			○	○	○

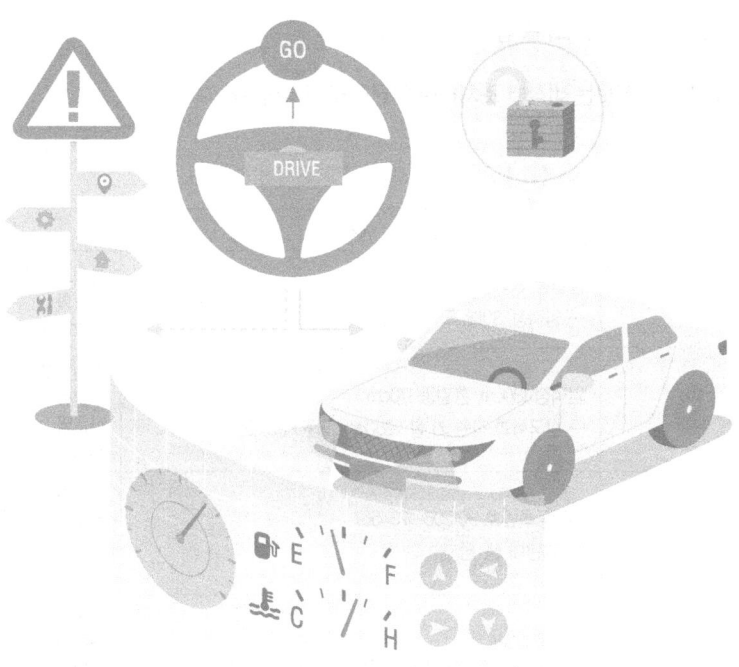

스마트교통 사이버보안 가이드

부록

A. 스마트교통 보안 안전성 체크리스트
B. 국외 교통 보안가이드
C. 참고 문헌

부록 A
스마트교통 보안 안전성 체크리스트

스마트교통 관련 제품 및 서비스를 개발하거나 운용하는 업체에서 보안위협을 사전에 점검할 수 있도록 위협 동향과 국내·외 보안가이드를 바탕으로 보안안전성 체크리스트를 도출 하였다. 스마트카의 구성요소와 교통 서비스를 기준으로 점검 대상과 점검 항목 으로 나열하였다.

제시하는 보안 안전성 체크리스트의 경우 모든 기기와 제품에 해당할 수 없으니 선별하여 검토해야 한다.

〈표 16〉 스마트카 보안 안전성 체크리스트

구성 요소	점검항목
공통	• 다음과 같은 보안 설계 및 관리를 수행 하고 있는가? (1) 시큐어코딩 프로세스를 제조사와 외부 공급 업체도 동일한 수준으로 적용 및 관리되고 있는가? (2) 차량 소프트웨어의 배포 전 검증(불필요한 서비스 비활성화, 소스코드 검증) 및 배포 후 보안 관리(암호화, 신속한 패치 적용등)를 수행하고 있는가? (3) 차량 내·외부 입출력 포트 비활성화 및 외부조작 방지 구현하고 있는가? (4) 차량 내·외부 메시지 전송 시 안전한 통신 채널(암호화)과 인증을 수행하고 있는가? (5) 내부 주요 데이터 암호화 및 보안 플랫폼(암호화, HSM) 사용하고 있는가? * 메모리 덤프나 부채널 공격 등에 대응할 수 있는 보안기술 적용 (6) 보안 표준 준수를 보장하기 위해 조직 내의 보안팀과 정보 보안관리시스템(ISMS)을 설계하여 운용하고 있는가?

인포테인먼트	• USB나 블루투스와 같은 외부 인터페이스와 차량 내부 네트워크가 분리(망분리) 적용되어 있는가?
	• 인포테인먼트 시스템 파일 및 데이터 액세스에 대한 사용 권한 설정, 접근 제어(방화벽)가 설정되어 있는가?
	• 외부 인터페이스를 제공하는 인포테인먼트를 통한 중요 시스템 공격을 방어하기 위해 방화벽, 침입탐지 시스템과 이상행위 감지 시스템을 조합(다계층 방어)하여 사용하고 있는가?
	• 내부 데이터를 암호화된 형식으로 저장하고 있는가?
	   * 또한, 시스템 간에 전송되는 데이터를 암호화하고 있는가? (IPSec등)
	• 인포테인먼트 기기 및 관련 기기의 추가나 대체로 인해 기기가 변경되는 경우, 기기 구성의 검증 과정을 수행하였는가?
	• 차량 내부의 주요 시스템과 3rd Party 인포테인먼트 장비와 같은 보조시스템의 네트워크가 적절하게 분리되어 있는가?
	• 차량 및 모바일 소프트웨어의 개발 과정에서 보안 검증 및 오동작 여부를 확인하는 활동을 수행하고 있는가?
	   * 시큐어코딩 프로세스(위협 및 취약성 분석, 보안 감사, 보안 테스트 등)를 자체적으로 개발조직 내에서 수행
	• 차량의 사용자가 변경되는 경우 차량 내부의 민감한 데이터(개인 식별정보포함)은 폐기되는 과정을 거치고 있는가?
	   * 중고차 판매업체, 차량 폐기 및 재활용 업체 적용사항

구성 요소	점검항목

통신
제어
	• 내부의 데이터 및 소프트웨어, 펌웨어에 업데이트 시 인증 절차와 무결성 보장을 위한 절차가 포함되어 있는가?
	• 차량 내·외부 통신 구간에 대한 접근 제어 정책을 수립하고 이를 문서화 및 검토하는 과정을 거치고 있는가?
	  * "접근 제어 정책"에 정보(파일 및 데이터)에 대한 접근을 제한하는 방법을 포함
	• 차량과 교통 서비스 통신구간이나 서버 인증 구간에 권장사양 이상의 암호화 통신이 적용되어 있는가?
	  * 또한 인증을 위한 인증서 등 민감 정보는 암호화 보관
	• 차량 네트워크(CAN)에 악의적인 메시지 전달을 방지하기 위해
	  (1) 게이트웨이에서 차량 주요 시스템과 부속 시스템 간의 네트워크 분리가 되어 있는가?
	  (2) 패킷 필터링 메커니즘이 적용되어 있는가?
	• 차량 내부통신구간에 정상서비스 방해 목적의 허위 데이터 유입시 가용성 확보를 위한 방안이 있는가?
	• 암호화키를 여러 구간으로 나누어 안전하게 보관하고 있는가?
	  * 공격자가 시스템을 침해하기 위해서는 모든 키를 획득해야 하도록 하여 공격 효율성을 낮출 수 있음

진단 및 유지 보수	• OBD-II를 통해 악의적인 데이터가 유입되는 것을 차단하기 위한 방화벽이 설정되어 있는가? • 차량의 펌웨어 및 내부데이터 등에 대한 임의변경 방지를 위해 접근제어 및 인증을 수행하고 있는가? * 내부데이터 : 주행 데이터, 오류정보, 충전 규칙(전기차 충전전력, 온도 등), 차량 설정 값 등
기본 및 차체제어	• 스마트키(원격키, 이모빌라이저 등)의 기능 조작을 방지하기 위한 하드웨어적인 보안 설계가 구현되어 있는가? • 차량의 주요 시스템(운행을 위한 기본제어)별 논리적 접근 제어가 설정되어 있는가?
V2V	• V2V 통신구간에 비정상적인 통신을 탐지하고 대처할 수 있는 기술적 대응방안이 마련되어 있는가? • V2V에서 차량 간 메시지 전달하는 것을 차단(블랙홀 공격)하거나 대량으로 메시지 전송하는 것에 대한 대응방안이 마련되어 있는가? • 긴급차량으로 메시지를 위장하여 우회도로를 이용하거나 양보를 얻어내는 행위를 탐지 및 조치(차단)할 수 있는가?
V2I	• 안전한 보안 프로토콜을 사용하여 교통량 데이터 조작을 방지하고 있는가?(Sybil 공격) • 악의적으로 변조된 메시지를 노변 기지국으로 전송하는 것에 대한 대응방안이 적용되어 있는가? • 서비스 장애 유발(DoS 공격)을 위해 노변 기지국 등에 대량의 메시지를 전송하는 것에 대응 방안이 마련되어 있는가? * 노드나 데이터 중심의 패킷 필터링 여부 • 신뢰할 수 없는 출처나 악의적으로 조작된 것으로 판단되는 데이터의 유입을 방지할 수 있는가?
V2N	• 차량과 서버 간 통신이나 서버 인증 구간에 권장사양 이상의 암호화 통신이 적용되어 있는가? * 펌웨어 업데이트 및 보안시스템 정책 업데이트와 같은 중요 통신 구간을 대상 • 클라우드 정보를 안전하게 백업할 수 있도록 이중화 백업이 설정되어 있는가?

V2I, V2N :
백엔드 서버
	• V2I, V2N에서 사용되는 백엔드 서버의 접근 인원에 대한 접근통제정책이 적용되어 있는가?(역할기반 접근제어)
	• 백엔드 서버에 대한 물리적인 비인가 매체 접근(USB 등)을 탐지하고 차단하는 솔루션이나 보안기능이 있는가?
	• 백엔드 서버의 통신 네트워크에 대한 대역폭 소진을 통한 DoS 공격에 대비하고 있는가?
	• 백엔드 시스템의 유지보수나 증설 등의 작업을 진행할 시 장애 및 보안위협에 대응하는 적절한 보안 정책을 수립하고 시행하고 있는가?
	• 3rd party 제품의 업체를 통해 서비스 개발 및 운용 시 보안위협을 파악하고 관리하는 등의 보안 통제를 수행하고 있는가?
	• 백엔드 서버에 대해 비인가 접근(백도어, OS/SW 취약점공격, SQL 대상 등)에 대한 보안 조치를 하고 있는가?
	  (1) 원격(외부)에서 네트워크 스캔을 통해 백엔드 서버의 불필요한 서비스가 차단되어 있는가?
	  (2) 백엔드 서버의 운영 소프트웨어 및 데이터베이스 솔루션에 최신 패치가 적용되어 있는가?
	  (3) 외부의 비인가 접근 시 이를 탐지하고 차단하는 보안 솔루션(방화벽)이 적용되어 있는가?

부록 B

국외 교통 보안가이드

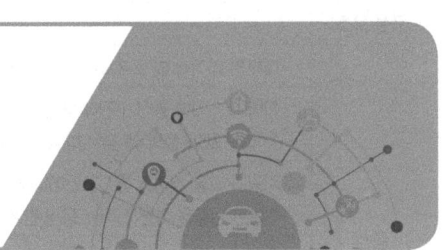

부록B에서는 국외 정부 기관 및 단체에서 발간한 스마트카 및 교통 관련 가이드라인의 주요내용을 안내하고자 한다. 미국, 유럽, 일본 등 각국에서는 스마트카 관련 자산과 정보보호 대응방안을 연구하고 필요한 지침과 우수 사례 등을 권고하고 있다.

1. NHTSA, Cybersecurity Best Practices for Modern Vehicles

미국 도로교통안전국(NHTSA)은 자동차 업계가 조직적으로 자동차 사이버보안을 우선순위에 두는 것이 중요하다고 판단하고 있다. 자동차 사이버보안을 우선순위에 둔다는 것은 잠재적인 자동차 사이버보안 취약성으로 인해 야기 될 수 있는 문제에 대해 시스템의 안전을 보장하는 내부 절차와 전략을 수립하는 것을 의미하며, 가이드라인이나 기존 기준과 규범을 적극적으로 채택하여 적용하는 것을 포함한다.

이를 위해, 미국 도로교통안전국은 자동차 업계의 사이버보안을 개선하기 위한 가이드라인을 발표하였고, 가이드라인은 모든 유형의 자동차에 대한 사이버보안을 다루고 있으며, 자동차 시스템이나 소프트웨어를 제조하고 설계하는 모든 개인과 조직 적용될 수 있다.

가. 일반적인 사이버보안 지침

① 계층화된 접근방법
- 자동차 사이버보안에 대한 계층화된 접근 방법은 공격 성공 가능성을 줄이고 잠재적인 비안가 접속의 영향을 완화 시킨다.
- 자동차 업계는 미국 표준기술연구소(NIST)의 사이버보안 프레임워크(식별, 보호, 탐지, 대응, 복구)를 따라야하며 계층화된 접근방법 구축을 위해서는 다음사항을 이행해야 한다.
  • 위험 기반 우선순위 식별과 자동차 제어시스템의 보호 및 개인 식별정보를 기반으로 구축
  • 실제 발생할 수 있는 잠재적인 자동차 사이버보안 사고에 대해 적시에 탐지하고 신속대응

- 사고가 발생할 경우, 신속한 복구를 위한 방법과 수단 설계
- AUTO-ISAC 참여 등 효과적인 정보공유를 통해 업계전반에 걸쳐 학습된 지식을 채택할 수 있는 방법의 제도화ID/PW 기반의 사용자 및 관리자 인증 수행

② 정보기술 보안 제어

- 정보통신, 금융, 에너지 등 다른 산업계에서 널리 활용되고 있는 '인터넷보안센터의 효과적인 사이버 방어를 위한 중요 보안 제어(CIS CSC)'와 같은 지침을 자동차 업계에서도 검토하고 적용을 권고한다.
- 또한 다음과 같은 CIS CSC의 접근방법 권고사항을 고려해야함
  - 사이버보안 공백(gap) 평가 수행
  - 시행 로드맵 개발
  - 효율적이고 체계적으로 사이버보안 계획 실행
  - 자동차 시스템 및 사업 운용에 제어 통합
  - 주기적인 진행과정 보고 및 모니터링

나. 자동차 업계의 사이버보안 지침

〈표 17〉 NHTSA에서 권고하는 자동차 업계 사이버보안 지침

지침	설명
사이버보안을 명확하게 고려하는 자동차 개발 과정	• 자동차 업계가 미국표준기술연구소, 도로교통안전국, 산업협회, AUTO-ISAC 및 공인된 기준 설정 기구가 공개한 지침, 최선의 규범 및 설계 원칙을 이용할 것을 권고 예) SAE의 J3061의 보안지침서 채택 고려
제품 사이버보안에 관한 리더십 우선순위	• 자동차 시스템을 개발하거나 통합하는 기업들이 자동차 사이버 보안에 우선순위를 둘 것을 권고
정보 공유	• 민간 기업, 비영리기관, 행정 부서, 정부기관 및 여타 조직이 사이버보안 위험 및 사고와 관련된 정보를 공유하고 가능한 한 실시간으로 공조 독려(미국 행정명령 13691) • 자동차 제조업계가 AUTO-ISAC에 참여하도록 지속적으로 독려
취약점 보고 / 공개 방침	• 자동차업계 구성원들은 자체적으로 취약점보고/공개 방침을 마련하거나 다른 부문 혹은 기술적 기준으로 사용하고 있는 방침을 채택할 것을 고려
취약점 / 익스플로잇 / 사고 대응 과정	• 자동차업계는 사고, 취약성 및 익스플로잇(exploit)에 대응하는 과정을 영향 평가, 억제, 복구, 교정 조치 및 관련 시험을 포함하여 문서화 • 대응과정의 효율성을 평가할 수 있는 지표를 정의하고 정기적으로 대응 능력 연습을 시행해야함
자체 감사	• 사이버보안 과정과 관련한 세부 사항을 문서화하여, 감사와 책임을 감안하여야하며 아래 사항을 포함해야함 - 위험 평가 - 침투 시험 및 문서화 - 조직적 결정

지침	설명
근본적인 자동차 사이버보안 보호	• NHTSA의 내부적인 응용 연구와 경험을 통해 학습한 바에 근거하여 권고 　- 개발자외 디버깅 접속 제한 　- 제어키 접속 권한 관리 　- 자동차 진단 및 유지보수 접속 제어 　- 펌웨어에 대한 접속 제어 　- 펌웨어 수정 권한 제한 　- 네트워크 포트, 프로토콜 및 서비스 제한 　- 자동차 아키텍처 설계에서 분할 및 격리 기법 사용 　- 내부 자동차 통신 제어 　- 로그 이벤트(Log Events) 정밀조사 　- 백 엔드 서버(Back-End Server)에 대한 통신 제어 　- 무선 인터페이스 제어(무선 네트워크 라우팅 제어)

다. 교육

보안을 교육받은 인력이 자동차 사이버보안 여건을 개선하는데 매우 중요한 역할을 하기 때문에 사이버보안 교육 활동은 현재의 인력이나 기술자에 국한하지 않고 미래의 인력과 비기술자들에게 까지 확대해야한다.

라. 애프터마켓 기기

자동차 업계는 소비자들이 애프터마켓 기기와 개인기기 등이 차량에 부착되거나, 제공되는 인터페이스(블루투스, USB, OBD-II 포트 등)를 통해 자동차 시스템과 연결로 인해 발생 할 수 있는 추가적인 위험을 고려하고 이를 적절하게 보호해야 한다.

또한 애프터마켓 기기 제조업체들도 자사의 기기들이 사이버 물리 시스템에 접속되고 생명과 안전에 영향을 미칠 수 있다는 점을 염두에 두어야 하며 기본적인 기능과 상관없이 자동차 내 안전에 민감한 시스템의 작동에 영향을 미칠 수 있기 때문에 강력한 사이버보안이 포함되어야 한다.

마. 보수용이성

자동차 업계는 개인과 제 3자가 이용하는 차량부품 및 시스템의 보수용이성을 고려해야 한다. 또한, 공인된 정비 서비스 제공자의 접근을 과도하게 제한하지 않는 강력한 차량 사이버보안 보호조치를 제공해야 한다.

2. ENISA, Cyber Security and Resilience of smart cars

유럽 네트워크정보보호원(ENISA)은 사이버 위협으로부터 스마트카의 보안을 보장하는 우수사례를 도출하기 위해 기존 연구들을 분석하고 전문가 인터뷰 등을 통해 보호 자산, 위협, 보안 조치 등의 연구를 진행하였다.

이를 통해 자동차 제조업체 및 애프터마켓 공급업체를 대상으로 라이프사이클 및 비즈니스 관점을 포함하는 스마트카 보안 우수사례를 도출하였다.

가. 스마트카 자산

스마트카의 자산을 ① 동력전달장치 제어 ② 섀시 제어 ③ 차체 제어 ④ 인포테인먼트 제어 ⑤ 통신 제어 ⑥ 진단 및 유지보수시스템의 6개의 자산으로 구분하고 각 자산별 구성요소와 서브네트워크 프로토콜, 서비스를 설명하였다.

〈표 18〉 ENISA의 스마트카 자산분류 정리

구분	주요 대상 예시
① 동력 전달 장치 제어	차량의 기계 또는 전자 시스템을 제어 1. ECU 및 센서: 전기엔진, 변속기, 구동축, 속도 제어/기어 제어, 주행지원(ABS) 등 2. 서브네트워크 프로토콜: CAN 등 3. 서비스: 동력 전달 장치 제어
② 섀시 제어	ECU 및 센서로 구성되어 있으며, 차량의 프레임을 제어 1. ECU 및 센서: 조향, 브레이크, 에어백, ADAS 시스템 등 2. 서브네트워크 프로토콜: CAN, FlexRay, RF 등 3. 서비스: 브레이크, 차선 보조, 충돌 제어, 타이어 압력 모니터링 등
③ 차체 제어	문, 트렁크 등의 차체를 제어 1. ECU 및 센서: 클러스터, 에어컨, 도어, 트렁크 등 2. 서브네트워크 프로토콜: CAN, LIN/SAE J2602, RF 등 3. 서비스: 도어 잠금장치, 에어컨 조절, 안전벨트 등
④ 인포테인먼트 제어	차체의 나머지 부분과 분리되어 있으며, 사용자의 인터넷 서비스 제공을 제어 1. ECU 및 센서: 동력전달장치 제어 영역과 유사함 2. 서브네트워크 프로토콜: MOST, 블루투스, WiFi 등 3. 서비스: 통화, AVN(오디오, 비디오, 내비게이션), 인터넷, 교통정보, 지도정보, 디지털 운행 기록계, 휴대전화 콘텐츠 서비스 등

구분	주요 대상 예시
⑤ 통신 제어	게이트웨이 역할을 하는 텔레매틱스 컨트롤 유닛(TCU)에서 제공하는 외부통신 1. 구성: 텔레매틱스 및 통신 기능을 갖춘 게이트웨어 ECU 2. 외부 네트워크 프로토콜 • 장거리 무선 프로토콜 : 텔레매틱스 또는 GSM/GPRS/3G/4G/LTE과 같은 모바일 프로토콜을 사용하며, GNSS도 사용 • 차량 내 무선 프로토콜 : 블루투스, 와이파이는 차량 내 통신을 위한 프로토콜로 제시되며, ZigBee, Passive RFID, UWB와 같은 대안도 제시됨 • 차량 간, 차량 대 인프라 무선 프로토콜 : WAVE, DSRC과 같은 프로토콜을 사용하며, 통신 보호를 위해 PKI를 사용 3. 서비스: V2V, V2I 통신, 원격 시동, eCall 서비스 등
⑥ 진단 및 유지 보수 시스템	OBU-II 포트를 통해 차량과 연결하여 진단 1. 구성: OBU-II 포트, PC 또는 태블릿에서 실행되는 애플리케이션, 애프터마켓 동글 2. 서브네트워크 프로토콜: CAN, 이더넷(DoIP) 3. 서비스: 위의 구성을 이용한 차량 진단과 차량 유지보수

나. 위협 및 위험 분석

전문가 인터뷰를 통해 스마트카에서 발생 가능한 주요 위협과 영향 받는 자산을 도출하였다.

〈그림 17〉 ENISA 인터뷰 대상자가 인식하는 주된 위협

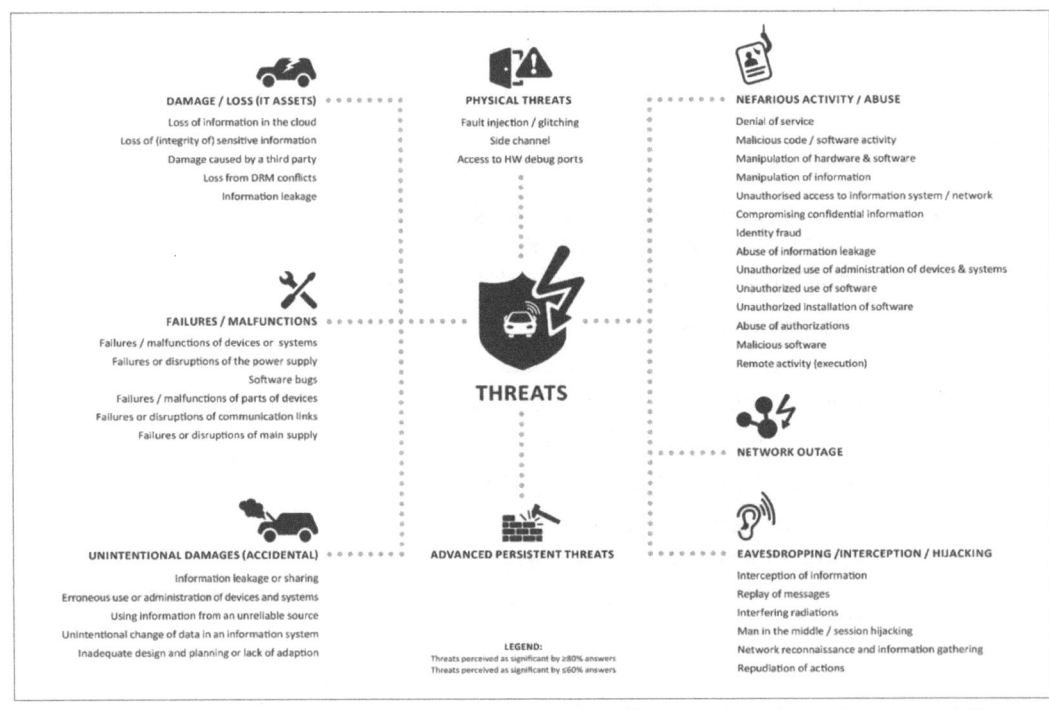

출처 : Cyber Security and Resilience of smart cars, ENISA, 2017

다. 공격 시나리오

스마트카의 주요 위협과 영향 받는 자산 도출을 통해 확인된 내용들을 포함 할 수 있는 4개의 공격 시나리오를 설명한다. 각 공격 시나리오들은 공격 유형과 방법, 영향 받는 자산들을 나열하였다.

① 원격 공격(승객의 안전 위협)

공격 유형	설명	영향을 받는 자산
기능 인터페이스를 통한 원격 공격	• 텔레매틱스 또는 인포테인먼트와 관련된 외부 기능 인터페이스의 취약점을 악용 • 연결된 ECU는 다양한 기능적 용도로 사용될 수 있으며, 이 모든 것은 이러한 공격의 진입점이 될 수 있음 • 이 시나리오에서는 일반적으로 취약한 차량을 식별한 다음 내부 서비스(예: TCU)에 액세스하고 결국 차량에 대한 액세스 권한으로 차량 시스템에 액세스할 수 있는 단계를 수행	• 외부 통신 네트워크를 대상으로 하고, 궁극적으로 모든 ECU 및 센서가 손상될 수 있음

② 지속적 차량 변경(합법적인 사용자에 의한 변경 또는 진단 장비 사용)

공격 유형	설명	영향을 받는 자산
기능적 또는 진단 인터페이스를 통한 로컬 공격	• 합법적인 사용자가 변경한 경우에는 자동차 구성 요소에 직접 접속하여 ECU의 동작을 지속적으로 변경 • 차량 튜닝, 회사 차량의 지오펜싱 우회 등이 목표 • 또한, 정비소 진단 장비에 대한 합법적이거나 불법적인 접근을 한뒤, 진단 장비의 취약성을 악용하여 ECU의 동작을 지속적으로 변경도 가능	• OBD Ⅱ 포트나 ECU 및 센서의 접근제어 기능과 관련된 자산 • 정비소 진단장비를 통한 공격은 ECU 및 센서에 저장된 개인 정보

③ 절도

공격 유형	설명	영향을 받는 자산
로컬	• 로컬 무선 연결(WiFi), 스마트키 복제, 릴레이 공격, 롤링 코드 잼(Rolling code jam), 키리스 시스템 등	• 차체 제어와 외부 통신 네트워크가 주요 대상이며, 도난발생시 모든 자산

④ 감시

공격 유형	설명	영향을 받는 자산
로컬 또는 원격	• 마트 카의 감시 유형을 보면 여러 가지 가능한 방법이 있음, 표적감시(Targeted Surveillance), 대량감시(Mass Surveillance) 및 클라우드에 저장된 데이터 및 서비스를 통한 감시로 구분	• ECU 및 센서에 저장위치 인식 콘텐츠, 결제정보 등

라. 우수사례

유럽 네트워크정보보호원은 보고서를 통해 정책과 표준, 조직적 조치, 기술 항목으로 우수사례를 아래와 같이 도출하였다.

〈그림 18〉 제목 : ENISA 우수사례 요약

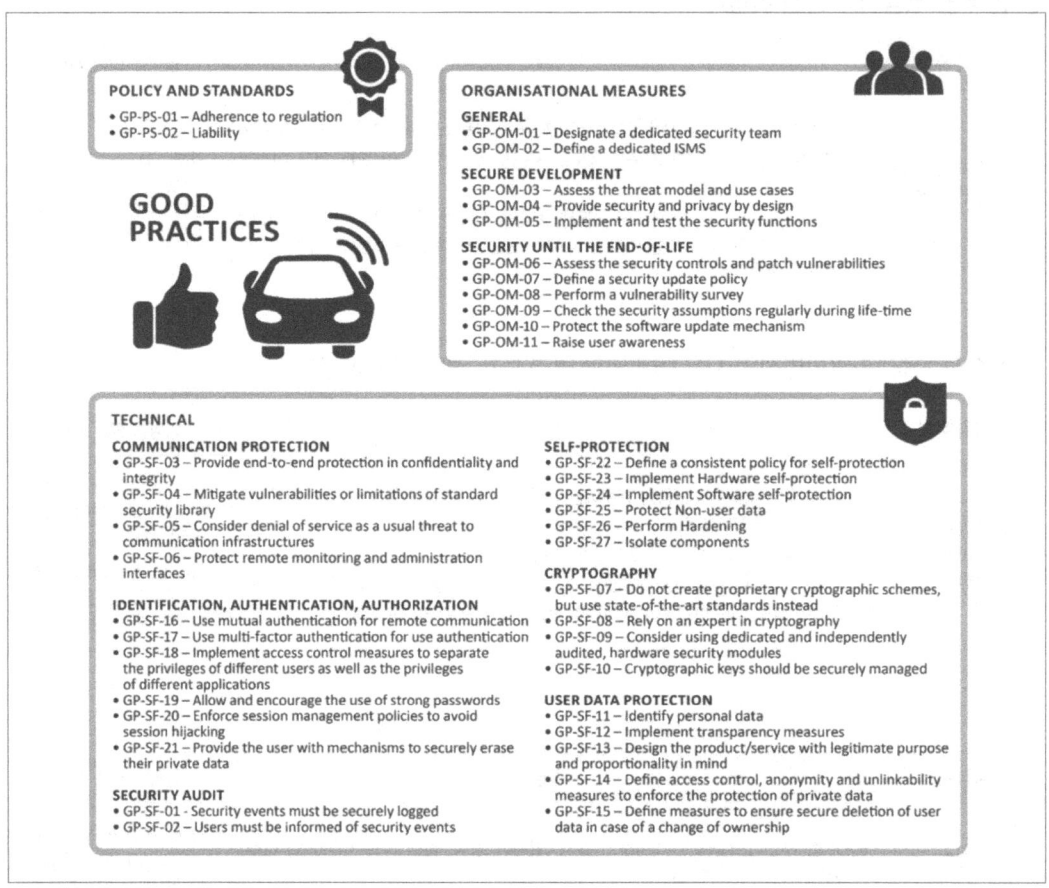

출처 : Cyber Security and Resilience of smart cars, ENISA, 2017

마. 권고사항

자동차 제조업체 및 애프터마켓 업체와 같은 생태계 관계자들의 신뢰뿐만 아니라 시장에 판매되는 스마트카에 대한 시민들의 신뢰를 받게 하기 위한 목적으로 다음과 같은 권고사항을 제시하였다.

- 스마트 카 사이버 보안 향상을 위한 권고
- 업체 관계자들 사이의 정보공유를 위한 권고
- 업계 관계자들 사이의 책임 소재 정의를 위한 권고
- Good practice에 대한 기술 표준을 위한 협의에 대한 권고

- 제 3자 평가 방법에 대한 정의
- 보안 분석을 위한 빌드 도구에 대한 권고
- 보안 연구자와 제 3자간의 교류를 위한 권고

3. IPA, Approaches for Vehicle Information Security

일본의 정보처리추진기구(IPA)는 2013년에 자동차 시스템의 라이프 사이클의 각 단계(기획, 개발, 운용, 폐기)의 보안 강화를 목적으로 가이드를 개발하였다. 이후 자율주행 기술 실용화, 커넥티드 서비스 실현 및 보안 대책 검토, 표준화 등이 진행됨에 따라 2017년 가이드 내용을 일부 개정하였다. 가이드 주요 내용으로는 자동차 시스템 모델을 제안하고, 보호자산과 위협, 대책 기술 등을 설명한다.

가. 자동차 시스템

자동차 정보보호를 고려할 때에는 차량 자체뿐만 아니라, 자동차에 장착 될 수 있는 장비, 차량과 통신하는 장비 및 해당 장비를 통해 제공되는 서비스에 대한 검토가 필요하다. 자동차는 제조사와 가격(등급)별로 구조 및 기능상에 차이가 있기 때문에 업계 전반에 걸친 공통된 자동차 모델을 정의하기가 어려움이 있어, 자동차 보안을 검토하기 위한 모델을 가정 하였다. 자동차 내부 LAN을 단일 버스로 추상화 하고 각 기능을 구성하였다.

〈그림 19〉 IPA Car System Model

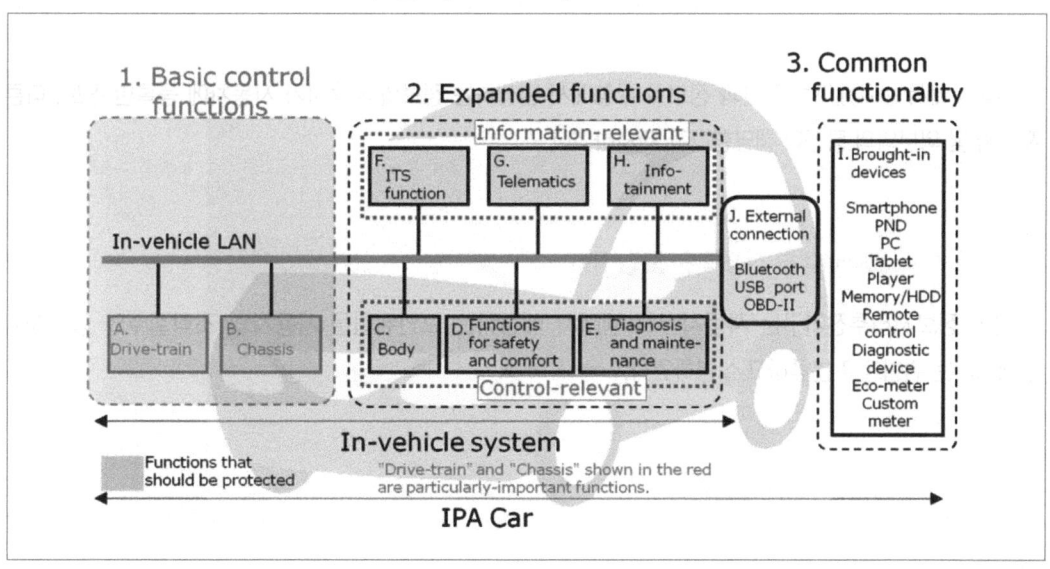

출처 : Approaches for Vehicle Information Security, IPA, 2013

자동차의 필수기능인 주행, 정지, 회전과 관련된 '기본 제어 기능', 운전자의 안전과 편의를 위한 '확장 기능', 스마트폰과 같은 차내 반입기기의 '일반 기능'으로 구성되었다.

〈표 19〉 IPA 자동차 시스템 구성 정리

기능			설명
1. 기본제어 기능		A. 구동계	엔진과 모터, 연료 전지 변속기 제어 등 '달린다'에 관한 제어 기능
		B. 섀시계	브레이크와 스티어링 제어 등 "멈춤 회전"에 대한 제어 기능.
2. 확장	제어관련	C. 바디계	도어 잠금 장치, 에어컨, 조명 등 차체에 대한 제어 기능.
		D. 안전쾌적 기능	자동 브레이크, 차선 유지 제어, 차간 거리 제어 등 자동차를 제어하는 기능과 연계하여 자동으로 안전과 편안한 운전을 실현하는 기능
		E. 진단 서비스	OBD(On-Board Diagnostics)-II에 의한 고장 진단 및 유지 보수 등의 기능
	정보관련	F. ITS 기능	ETC 및 ITS(교통시스템 : Intelligent Transport System) 지점 등 노측 기계 및 차량 통신에 의해 실현되는 기능
		G. 텔레매틱스	휴대 전화 네트워크 등의 통신 기능에 의한 위치 정보 수집, 도어 잠금 라이트 점등 등 같은 원격 서비스 기능
		H. 인포테인먼트	네비게이션, 오디오 기기, 기타 탑승자에 대한 오락과 정보 제공을 할 기능
3. 일반 기능		I. 반입 장비	스마트 폰이나 휴대용 네비게이션, 에코메타 등 차내에 반입 기기에 의한 기능
		J. 외부 연결	자동차 LAN의 외부연결인터페이스(Bluetooth, Wi-Fi, OBD-II, USB, SD 슬롯)

자동차에서 보호해야할 자산과 정보로 주행에서 발생하는 정보와 사용자가 자동차에 등록한 정보, 다른 자동차 및 외부와의 통신이 해당한다고 제시하였다.

나. 자동차 시스템에 대한 잠재적인 보안위협

일본 정보처리추진기구는 자동차 시스템에서 예상되는 보안위협을 사용자의 조작실수와 공격자가 발생시키는 위협으로 분류하고 설명하였다.

〈표 20〉 사용자 조작으로 인한 위협

위협	설명
설정오류	자동차의 사용자 인터페이스를 통해 사용자가 설정 잘못으로 인한 위협 • 인포테인먼트 기능에서 의도하지 않은 서비스 사업자에게 개인 정보를 송부, 텔레메틱스 통신의 암호화 기능을 OFF로 하여 통신 정보를 도청하는 등
바이러스 감염	이용자가 외부에서 가져온 장비와 기록 매체를 통해 자동차 시스템이 바이러스나 악성소프트웨어웨어(악성 코드 등) 등에 감염되어 발생하는 위협 • 인포테인먼트기기에 감염된 바이러스가 자동차 LAN을 통해 또 다른 자동차 기계 감염 등

〈표 21〉 공격자에 의한 위협

위협	설명
부정이용	스푸핑 및 장비의 취약점 공격에 의해 권한이 없는 자가 자동차 시스템의 기능을 이용하는 위협 • 자동차 잠금 해제 통신을 사칭하여 무단으로 차량 잠금해제 등
잘못된 설정	스푸핑 및 장비의 취약점 공격에 의해 정당한 권한 없는 자가 자동차 시스템의 설정 값을 변경될 수 있는 위협 • 네트워크 설정을 변경하여 정상적인 통신을 할 수 없도록 하는 등
정보 유출	자동차 시스템에서 보호해야할 정보가 허가되지 않은 사람에게 입수되는 위협 • 축적된 컨텐츠와 각종 서비스의 사용자 정보가 기기에 침입이나 통신을 도청 등의 부정행위로 읽히는 등
도청	자동차간 통신, 자동차 및 주변 시스템과의 통신이 유출되거나 탈취 당할 위협 • 네비게이션 및 교통 체증 예측 등 서비스 때문에 자동차로부터 주변 시스템으로 전달되는 상태 정보 (차량 속도, 위치 정보 등)가 중간 경로에서 도청
DoS 공격	부정 또는 과도한 연결 요청에 의해 시스템 다운이나 서비스 저해를 유발하는 위협 • 스마트키에 과도한 통신을 실시하고 이용자의 요구(잠금,해제)을 할 수 없게 하는 등
가짜 메시지	공격자가 스푸핑 메시지를 전송함으로써 자동차 시스템에 오작동이나 표시하지 하는 위협 • TPMS (타이어 입력 모니터링 시스템 : Tire Pressure Monitoring System)의 메시지를 조작하고 실제로는 이상이 없는 자동차의 경고 램프를 붙이는 등
로그 상실	조작 이력 등을 삭제 또는 수정하고 나중에 확인할 수 없게 하는 위협 • 공격자가 자신의 간 공격성에 대한 로그를 조작하고 증거 인멸을 도모 등
부정 중계	통신 경로를 조작하고 일반 통신을 가로 채거나 악성 통신을 혼입시키는 위협 • 스마트키의 전파를 무단으로 탈취 공격자가 자동차의 잠금해제하는 등

다. 위협에 대한 보안 대책

자동차 내부 시스템에 대한 보안위협에 대응할 수 있는 보안 대책 기술을 아래 표와 같이 나열 하였다.

〈표 22〉 IPA 자동차 보안대책

구분	보안대책		설명
보안요구 사항정의	요구사항 관리도구		• 요구 사항 관리 도구는 복잡한 프로그램의 요구 사항을 정리하고 요구 사항과 설계 및 기계 기능 매핑 관리 • 보안 요구 건에 활용하여 보안 기능의 구현 누출을 방지
보안기능 설계	보안아키텍처 설계		• 시스템의 유스 케이스와 모델을 명확화하고 위협 위험 분석을 실시하여 보안 정책을 준수하여 대응 방법·대응 부분을 설계 • 보안 대책의 누설 등에 의한 취약성의 발생을 방지
	보안 기능의 이용	암호화	• 암호화는 정보 자산 등 그 자체를 보호하는 콘텐츠 암호화와 통신 시에 도청되는 것을 막는 통신로 암호화 • 암호화 방식에 따라 처리 속도와 데이터 량 등에 차이가 있기 때문에 요구 사항에 따라 암호화 방식을 선택하는 것이 중요
		인증	• 이용자와 통신 상대 추가 된 프로그램 등이 합법적인지 여부나 또한 손상되지 않았는지 여부를 인증하기 위한 수단 • 패스워드나 해시 값 등의 소프트웨어 처리 외에, IC 칩과 같은 전용 하드웨어를 이용
		엑세스 제어	• 이용자의 실행 권한 및 기능과 통신의 수행 범위 등의 관리 • 이용자가 기능의 영향 범위를 적절하게 설정함으로써 예기치 않은 사용을 방지하고 다른 기능에서 발생한 문제로부터 주요 기능을 보호
보안 구현	보안 프로그래밍		• 버퍼 오버 플로우 등의 알려진 취약점을 방지하기 위한 프로그래밍 기술 • 취약점의 원인이 되는 함수의 사용 금지와 쉬운 코드 표기 금지 등을 포함
보안 평가	보안 테스트		• 완성된 시스템에 취약점이 없는지 확인하는 방법 • 알려진 취약성 약점을 감지하는 도구와 미지의 취약점을 조사하는 퍼지 등의 방법
기타 처리	매뉴얼 등의 정비		• 매뉴얼 등에 따라 이용자에게 올바른 이용 방법이나 보안 문제가 발생했을 때의 대처 방법을 전하는 것이 중요 • 또한 공장 시간 설정도 보안 문제가 발생하지 않도록 배려
	제조시 공격 대책		• 인증 및 통신로의 암호화를 실시하기 위해 자동차 장비에 대해 사전에 암호화키 등의 기밀 정보를 저장하는 일이 늘고 있어, 공장의 생산 라인에서 이러한 기밀 정보가 도청되거나 변조되거나하는 일이 없도록 노력 할 필요가 있음 • 이를 위해 제어 시스템 보안국제 규격 인 IEC 62433등을 활용하여 생산 라인의 개발을 실시해야 한다

라. 자동차 시스템의 보안을 위한 노력

자동차 시스템의 라이프 사이클을 기획, 개발, 운용, 폐기의 4단계로 구분하고 각 단계별로 필요한 과업과 경영 방침 등 보안정책에 대해 서술하였다.

4. 영국, The key principles of cyber security for connected and automated vehicles

영국 정부는 스마트카의 증가에 따라 운전자들에 대한 보호를 위해 지능형 교통 시스템(ITS, Intelligent Transport System), 커넥티드 자율주행차(CAV, connected and Automated Vehicle) 시스템의 핵심 원칙 8가지을 제시하였다. 핵심원칙은 스마트카 제조 및 공급에 관련된 모든 업체(임원)를 대상으로 보안인식 제고와 제품·시스템의 안전을 위해 개발되었다.

〈표 23〉 ITS, CAV 시스템 보안의 8가지 핵심 원칙

구분	내용	비고
1	• 제조사는 이사회 수준에서 사이버 보안을 우선순위의 과제로 채택해야 함 – 사이버 보안을 우선순위의 과제로 채택하여 ITS/CAV 시스템 보안의 설계 및 개발에 대한 원칙을 준수해야함	시스템 보안 원칙
2	• 협력사들과 잠재적인 위협을 평가 및 관리해야 함 – 보안위협요소의 식별, 분류, 우선순위 지정 등의 프로세스를 개발하여, 제조사와 협력사들이 협력하여 평가 및 관리하여야함	
3	• 개발 시스템이 유지되는 동안 보안 요구에 대한 대응이 지속되여야 함 – 제조사는 개발 시스템이 유지되는 동안의 애프터서비스를 유지해야하며, 긴급한 취약점을 파악하여야 함 – 데이터 포렌식 및 데이터 복구, 데이터 식별을 지원하고 사이버 또는 사건의 원인을 식별할 수 있어야함	
4	• 제조사와 협력업체 등 모든 관련업체가 시스템 보안 강화를 위해 협력해야 함 – 공급되는 과정에서의 모든 제품 및 소모품에 대한 출처를 검증할 수 있어야함	
5	• 프로세스와 제품, 보안 시스템은 중복 구성되어야 함 – 모니터링, 망분리, 보안프로토콜 등의 보안을 위한 기술을 적용하여 세분화된 보안 아키텍처를 구성	시스템 디자인 원칙
6	• 소프트웨어 보안은 전주기로 관리해야 함 – 시큐어 코딩을 채택하여 개발해야하며, 소프트웨어 펌웨어 확인하여 손상될 경우 복구할 수 있도록 해야함	
7	• 데이터 저장에 대한 안전성을 확보해야 함 – 데이터에 대한 접근제어를 실시하며, 개인식별 데이터 및 중요 데이터에 대한 안전성을 확보해야함	
8	• 스마트카 및 시스템은 사이버공격을 받더라도 지속적으로 작동해야 함 – 필수 기능을 제공하는 시스템에 대해서는 사이버공격을 받더라도 지속적으로 작동해야함	

부록 C

참고 문헌

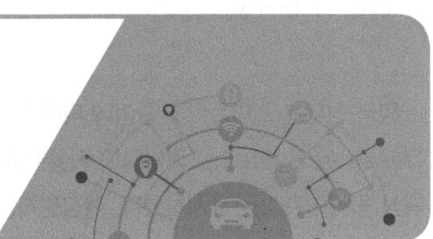

[1] SAE, "J3061-Cybersecurity Guidebook for Cyber Physical Vehicle Systems", 2016.01.

[2] SAE, "J2735-Dedicated Short Range Communications (DSRC) Message Set Dictionary", 2016.

[3] SAE, "J2945-On-Board System Requirements for V2V Safety Communications", 2016.03.

[4] ENISA, "Cyber Security and Resilience of smart cars", 2016

[5] IPA, "Approaches for Vehicle Information Security", 2017

[6] UNECE/WP.29, "Intelligent Transport Systems and Automated Driving (ITS/AD)"

[7] https://www.wired.com/2010/03/hacker-bricks-cars

[8] Koscher et al., "Experimental Security Analysis of a Modern Automobile, IEEE Symposium, May 2010

[9] Ishtiaq Rouf et al., "Security and Privacy Vulnerabilities of In-Car Wireless Networks: A Tire Pressure Monitoring System Case Study," USENIX Security, August 2010

[10] FRANCILLON, Aurelien; DANEV, Boris; CAPKUN, Srdjan. "Relay attacks on passive keyless entry and start systems in modern cars.", February. 2011.

[11] CHECKOWAY, Stephen, et al. "Comprehensive Experimental Analyses of Automotive Attack Surfaces", USENIX Security Symposium. 2011.

[12] MILLER, Charlie; VALASEK, Chris. "Adventures in automotive networks and control units", DEFCON, 2013

[13] STAGGS, Jason. "How to hack your mini cooper: reverse engineering can messages on passenger automobiles", Institute for Information Security, 2013

[14] Cesar Cerrudo, "Hacking US (and UK, Australia, France, etc.) Traffic Control Systems", 2014

[15] https://www.adac.de/infotestrat/adac-im-einsatz/motorwelt/bmw-luecke.aspx

[16] MILLER, Charlie; VALASEK, Chris. "Remote exploitation of an unaltered passenger vehicle", DEFCON, 2015

[17] Samy Kamkar, "OwnStar - hacking cars with OnStar to locate, unlock and remote start vehicles", 2015

[18] Lookout Kevin Mahaffey CTO, "Hacking a Tesla Model S: What we found and what we learned", 2015

[19] https://www.japantimes.co.jp/news/2015/12/15/national/experiment-shows-japanese-cars-can-hacked-smartphones-connected-internet/

[20] FOSTER, Ian D., et al. "Fast and Vulnerable: A Story of Telematic Failures", WOOT. 2015.

[21] https://www.adac.de/infotestrat/adac-im-einsatz/motorwelt/test_keyless.aspx

[22] YAN, Chen; WENYUAN, X.; LIU, Jianhao, "Can you trust autonomous vehicles: Contactless attacks against sensors of self-driving vehicle", DEFCON, 2016

[23] MILLER, C.; VALASEK, C. "Advanced CAN injection techniques for vehicle networks", BlackHat, 2016

[24] MAZLOOM, Sahar, et al. "A Security Analysis of an In-Vehicle Infotainment and App Platform.", WOOT. 2016

[25] Keen Security Lab of Tencent, "Car Hacking Research: Remote Attack Tesla Motors", 2016

[26] Promon, "Tesla cars can be stolen by hacking the app", 2016

[27] ARGUS, "A Remote Attack on the Bosch Drivelog Connector Dongle", 2017

[28] UnicornTeam Qihoo360, "Car keyless entry system attack", 2017

[29] Will Hatzer, Arjun Kumar, "Hyundai Blue Link Potential Info Disclosure", 2017

[30] Keen Security Lab of Tencent, "New Car Hacking Research: 2017, Remote Attack Tesla Motors Again", 2017

[31] Jesse Michael, Mickey Shkatov, "Driving Down the Rabbit Hole", DEFCON, 2017

[32] ICS-CERT, "CAN Bus Standard Vulnerability", 2017

[33] 한국인터넷진흥원, "IoT 공통보안가이드", 2015.09.

[34] 한국인터넷진흥원, "홈가전IoT보안가이드", 2017.07.

[35] ICSA labs, "Internet of Things (IoT) Security Testing Framework", 2016.10.

[36] OWASP, "Trusted Execution Environment, TrustZone and Mobile Security", 2015.10.

[37] PRESERVE, "Security Requirements of Vehicle Security Architecture", 2011.06.

[38] LG CNS, 기업 담당자가 읽어야 할 사물인터넷 보안 대응 방안, http://blog.lgcns.com/1462

[39] 한국인터넷진흥원, "사물인터넷(IoT) 환경에서의 암호인증기술 이용 안내서", 2016.04.

[40] PRESERVE, "V2X Security Architecture", 2014.01.

[41] 관계부처합동, "개인정보 비식별 조치 가이드라인", 2016.06.

[42] 행정자치부, "개인정보의 안전성 확보조치 기준 해설서", 2017.01.

[43] 방송통신위원회, "개인정보의 기술적·관리적 보호조치 기준 해설서", 2017.12.

교통 분야 ICT 융합 제품·서비스의 보안 내재화를 위한
스마트교통 사이버보안 가이드

초판 인쇄 2020년 04월 22일
초판 발행 2020년 04월 28일

저 자 한국인터넷진흥원, IoT보안얼라이언스
발행인 김갑용

발행처 진한엠앤비
주소 서울시 서대문구 독립문로 14길 66 205호(냉천동 260)
전화 02) 364 - 8491(대) / 팩스 02) 319 - 3537
홈페이지주소 http://www.jinhanbook.co.kr
등록번호 제25100-2016-000019호 (등록일자 : 1993년 05월 25일)
ⓒ2020 jinhan M&B INC, Printed in Korea

ISBN 979-11-290-1558-7 (93560)　　　[정가 10,000원]

☞ 이 책에 담긴 내용의 무단 전재 및 복제 행위를 금합니다.
☞ 잘못 만들어진 책자는 구입처에서 교환해 드립니다.
☞ 본 도서는 [공공데이터 제공 및 이용 활성화에 관한 법률]을 근거로 출판되었습니다.